K방산 신화를
만든 사람들

자주국방 50년의 기록 & 세계 4대 방산 강국의 미래

K방산 신화를
만든 사람들

자주국방 50년의 기록 &
세계 4대 방산 강국의 미래

정한국·이정구·성유진 지음

더봄

CONTENTS
차례

프롤로그. 왜 우리는 K방산의 근원에 주목하나 6

PART1. K방산의 원천을 만든 사람들 16

| 1장 | K방산의 시작-27인의 도미기사단 황익남 전 육군 대령 18
| 2장 | 1970년대 대한민국의 모든 역량을 모았다, 백곰 미사일
　　　안동만 전 국방과학연구소 소장 34
| 3장 | 독자 개발 꿈이 낳은 'K장갑차' K200
　　　김계환 전 대우중공업 엔지니어, 현 원진엠앤티 기술고문 50

PART2. 세계 속 K방산을 만든 사람들 66

| 4장 | K방산 수출 신화가 시작되다, K2 전차 김의환 현대로템 고문 68
| 5장 | K방산의 대표 베스트셀러, K9 자주포 안병철 한화에어로스페이스 사장 84
| 6장 | 하늘도 열었다, 초음속 고등훈련기 T-50 전영훈 박사 100
| 7장 | 화력의 패러다임을 바꾸다, 다연장로켓 천무
　　　신현우 한화에어로스페이스 전 사장 116
| 8장 | 첨단무기 대표 주자 천궁 김지찬 LIG넥스원 부회장 130
| 9장 | 세계로 날다, 다목적헬기 수리온 KAI 안인철 수석기술사&김원규 직장 144
| FOCUS | K방산의 뉴리더 한국의 록히드마틴을 만든다 김동관 한화 부회장 158

PART3. 마스가MASGA, 그리고 잠수함 강국을 만든 사람들 166

| 10장 | 한국형 이지스함 이끈 함정 전문가 김정환 전 HD현대중공업 사장 168
| 11장 | 한 치의 오차도 용납하지 않는 잠수함 용접의 장인

　　　　김인득 한화오션 기원 184

| 12장 | 잠수함 소나 국산화 이끈 조성일 LIG넥스원 해양연구소장 198
| 13장 | 잠수함 '실핏줄' 케이블 장인 정한구 한화오션 기원 210

FOCUS | K방산의 뉴리더 IT로 해양 방산 영토 넓힌다 정기선 HD현대 회장 222

PART4. K방산의 명장들 230

| 14장 | K화포 명장 장만호 현대위아 기장 232
| 15장 | 글로벌 공략하는 K험비 기아 박병석·최병길 상무 246
| 16장 | 첫 비행을 책임지다 이동규 KAI 시험비행 조종사 260
| 17장 | 초음속 전투기의 눈을 만들다 홍윤석 한화시스템 소장 274
| 18장 | 한국형 전차 변속기의 탄생 서영좌 SNT다이내믹스 기술이사 286

FOCUS | K방산의 뉴리더 K방산은 이제 글로벌 방산 시장의 핵심 플레이어

그레그 울머 록히드마틴 사장 & 마이클 쿠터 한화에어로스페이스 사장 296

에필로그. K방산의 현재, 그리고 미래 304

| 프롤로그 |

왜 우리는
K방산의 근원에 주목하나

2022년 폴란드 정부가 한국으로부터 장기간에 걸쳐 K2 전차 1,000대와 K9 자주포 약 670문, 다연장 로켓 천무 약 290문 등 440억 달러 규모에 달하는 무기를 도입하겠다고 했을 때 많은 사람이 깜짝 놀랐다. 유럽에 세계적이고 역사 깊은 방위산업 기업이 즐비한데 한국에서 무기를 이렇게나 많이 사 간다는 것에 충격을 받았다는 것이다.

"언제부터 우리가 이렇게 무기를 잘 만들었지?"

의문이 쏟아졌다. 한국 방산은 그해 방산 수출 연 173억 달러로 역대 최고 기록을 세웠다.

2024년 국군의 날에 공개된 '괴물 미사일' 현무5는 우리가 이미 강대국 수준의 군사력을 보유하고 있다는 걸 보여준다. 최대 8t에 달하는 탄두가 300㎞를 날아가 지하 100m 아래 벙커마저 파괴한다. 바다에선 '신의 방패'라고 불리는 최강 전함 8000t급 이지스함도 보유했다. 2022년 세계에서 여덟 번째로 초음속 전투기 개발 국가가 됐다. 2026년 실전 배치를 앞둔 KF-21이 주인공이다.

그리고 2025년 11월 현재, 한국은 미국과 핵추진 잠수함 개발도 논의하고 있다. 각론은 아직 해결될 부분이 많이 남아 있는 것처럼 보이지만 조선과 방산, 원전 기술까지 결합된 핵잠수함 건조를 통해 K방산 생태계는 또 한 단계 업그레이드될 것으로 보인다.

2025년 10월, 이재명 대통령은 국내 최대 규모 방위산업 전시회 '서울 ADEX 2025' 개막식에서 "방위산업 4대 강국은 결코 불가능한 꿈이 아니다"라고 했다. "한때 내수 시장에 만족해야 했던 방위산업과 항공우주산업이 이제는 세계가 먼저 찾는 수출 산업으로 당당하게 발전하고 있다"는 것이다.

한국은 1950년 북한이 남침했을 때 전차는커녕 스스로 소총 하나 만들지 못하는 나라였다. 하지만 지금 세계 10위 무기 수출국 2020~2024년 기준 자리에 올랐고, '빅4'를 노린다고 말할 수 있는 나라가 됐다. 이제 많은 사람들이 이런 질문을 던지고 있다.

"어떻게 한국은 방위산업을 이렇게 키울 수 있었을까?"

K방산이란 단어가 이제는 너무나 친숙해졌지만 사실 우리 방위산업은 국방을 벗어나 '산업' 그 자체로 주목받은 적이 없다. 대통령 말대로 군이 주문하고 기업은 단순히 생산만 하는 고정된 내수에 머물러 있었던 것이다. 하지만 지금은 다르다. 우리 방위산업 기업들은 선진국에 뒤지지 않는 기술력을 갖추고 있고, 해외 고객을 맞춤형 전략으로 공략하며 시장을 넓히고 있다. 생산 능력뿐만 아니라 부품 공급부터 MRO유지·보수·정비 생태계까지 모두가 높은 평가를 받고 있다. 단순히 무기 몇 개가 인기를 끄는 상황이 아니라는 것이다.

어떻게 이런 일이 가능했을까.

그 질문은 2024년 10월부터 약 10개월간 조선일보의 〈K방산 신화를 만든 사람들〉 연재로 이어졌다. 선우정 당시 조선일보 편집국장과 이인열 산업부장의 지원 아래, 저자들은 당시 한국 방위산업을 취재하면서 K방산의 '오리진'Origin·기원이 무엇인지 찾아보기로 했다. 우리는 그 해답이 실제 방위산업에 뛰어들어 평생을 헌신한 사람들 안에 있다고 봤다. 밖으로 알려지지 않은 그들의 이야기가 우리 방산의 모든 것은 아닐지라도, 의미 있는 역사적 기록임에 분명하다 생각했다. 일선 엔지니어에서 방산 기업 CEO최고경영자까지 올라선 사람은 물론이고, 평생 현장에서 잠수함 용접을 하거나 각종 화포만 만들어온 장인까지 두루 만나며 우리 방산 역사의 조각들을 하나하나 모은 게 이 책에 오롯이 담겼다.

다만 이들이 방산 생태계에서 활약한 이야기를 펼치기 전, K방산이 처했던 특수한 환경을 먼저 알아야 한다. 그래야 이들이 왜 그렇게 절실했는지, 이제 와서 수출이 왜 가파르게 늘어나기 시작했는지 등을 이해할 수 있다. 그러기 위해서는 먼저 1945년 일제 치하에서 해방된 기쁨이 가시기도 전에 1950년 북한이 남침하며 남북의 첨예한 긴장 관계가 구축되는 한반도의 지정학적 상황부터 살펴봐야 한다.

"스스로 지켜야 한다"

1950년 북한이 T-34 전차를 앞세워 남침했을 때, 1948년 8월 정부를 수립한 대한민국은 약 10만 병력이 있었지만 변변한 무기가 없었다. 특히 전선의 돌격대장인 전차는 한 대도 없었다고 한다. 북한은 당시 탄약, 소총, 전차 등을 자체 생산하고 있었던 반면, 우리는 방산 물자 대부분을 미국 지원에 의존하고 있었다. 6월 27일에 서울이 점령됐고, 북한군은 7월 3일에 한강 이남으로 진격했다.

그나마 버틸 수 있었던 것은 미국을 중심으로 한 유엔군의 지원 덕분이었다. 인천상륙작전의 성공 등으로 결국 북한군을 몰아내고 영토를 수복했지만, 전란을 겪은 당시 세대에게 뿌리 깊이 남은 생각이 있었다. 힘이 없으면 언제든 전란을 겪고 국가가 사라질 수 있다는 불안감이었다. 우리 방위산업은 태동부터 생존의 위기라는 절박함이 바탕에 깔려 있었던 것이다.

전후 우리 정부는 동맹국인 미국을 활용한 국방력 강화를 끊임없이 시도했다. 1961년 5·16 군사정변으로 집권한 박정희 대통령은 사실상 'K방산의 아버지'나 다름없는 역할을 했다. 한·미 동맹을 탄탄하게 구축하고, 미국의 지원을 받아 경제 성장을 끌어올리는 동시에 국방력 강화에 나선 것이다.

특히 1965년 한국의 베트남 파병은 미국의 전쟁을 돕는 대가로 우리 국방력을 강화하는 계기가 됐다. 미국은 한국군의 장비 현대화를 위한 상당량의 군사 장비 제공, 추가 파병에 따른 일체의 경비와 장비 제공, 한국의 경제 발전을 위한 차관의 추가 제공과 기술 원조 확대 등을 약속했다.

이런 와중에 1968년 1월의 김신조 일당 청와대 습격 사건, 북한의 미 해군 푸에블로호 피랍 사건이 잇따라 벌어지며 대한민국의 위기의식은 점점 더 커졌다. 방위산업 강화에 대한 의지 역시 더욱 강해졌다.

이는 1969년 7월, 미국 닉슨 대통령의 발표로 정점을 찍는다. "자국 방위의 책임은 스스로 져야 한다"는 이른바 닉슨 독트린이 발표되며, 실제 주한 미군이 1970년 7월, 1개 사단이 철수하는 등 병력이 6만 3,000명에서 4만 3,000명으로 축소되었다.

외부 위협은 커져만 가는데 굳게 믿고 있던 미국이 언제든 떠날 수 있다는 위기 의식이 당시 대한민국 지도층의 뇌리에 새겨졌다. 결국 1970년대 들어 우리의 방위산업은 싹을 틔우게 되었다.

상징적인 일은 1970년 8월, 박정희 대통령의 지시로 국방과학연구소ADD가 창설된 것이다. 해외 과학자 및 국내 우수 인재를 파격적인 대우로 유치했다. 그리고 1971년 '병기 개발 기본 방침'을 수립하고 독자적인 무기 개발에 나섰다. 기관총, 소총, 수류탄, 박격포, 지뢰 등 8종 무기가 시작이었다. 이게 훗날 소위 '번개 사업'이라고 불리는 사업이다. 각종 위협 속에 '번개처럼 빨리 무기를 만들어야 한다'는 의미였다. ADD 연구원들은 서울 청계천 철물 공구점 등을 드나들며 장비를 구했고, 미국 무기를 역설계하는 방식으로 시제품을 완성했다.

ADD가 앞장서고 기업들이 받치고

이런 변화를 시작으로 K방산의 골격을 이루는 구조가 만들어졌다. 1972년 정부는 '국방 목표'를 처음으로 만들었다. "방위산업을 키워 자주국방을 확립한다"는 내용이 포함됐다.

이 시기를 전후해 빠르게 방위산업의 생산 시스템이 갖춰졌다. 대표적으로 ADD를 중심으로 군과 산업계, 학계가 협력하는 지금의 구조가 생겼다. 정부는 당시 무기에 들어가는 주요 부품마다 생산을 전담하는 민간 전문 업체를 방위산업체로 지정했다. 군수물자 담당 전문 기업으로 키우겠다는 취지였다.

방산업체 지정을 받아야 방산물자를 생산할 수 있는 일종의 면허라고 할 수 있었다. 한 분야의 '스페셜리스트' 양성에 나선 것이다. 정부가 당시 주요 기업들에게 일부를 맡아달라고 물밑 요청한 것도 영향이 컸다고 방산업계 관계자들은 말한다.

1978년에는 방산물자에 대한 적정 원가를 보상해주는 방산물자 원가 계산 기준 규정도 만들었다. 각종 무기를 안정적으로 조달하기 위한 조치였으며, 동시에 군 외에는 무기를 만들어도 팔 곳이 없는 기업들에게 최소한의 이익을 보장해 참여를 이끌어내기 위한 방안이기도 했다.

이 제도는 K방산에 큰 영향을 끼쳤다. K방산 주요 기업들의 뿌리를 더듬어 올라가 보면 1970년대 방위산업체 지정까지 이어진다.

현재 K방산 대표 기업인 한화를 보자. 한화그룹의 모태인 한국화약이 1972년 방위산업체로 지정된 것이 한화그룹 방산의 시작이었다. 그룹에서도 대표 기업인 한화에어로스페이스는 한화와 삼성을 모태로 하고 있다. 이병철 회장이 1978년에 만든 삼성정밀공업이 방산업체로 지정되었기 때문이다. 삼성정밀공업은 1987년 삼성항공산업, 2000년 삼성테크윈이 됐다가 2014년 한화그룹에 인수됐다. 한화에어로스페이스의 고위 직원 중에는 삼성맨에서 한화맨이 된 사람이 적지 않다.

한편 삼성항공의 일부는 또 1997년 외환위기를 거치며 지금의 한국항공우주산업KAI의 일부로 흡수됐다.

전차 대표 기업인 현대로템도 1976년 국방부로부터 전차 생산 1급 방산업체로 지정된 현대정공이 뿌리다. 1985년 최초로 국산 전차 개발을 시작한 이래 지금은 세계에 K2 전차를 수출하고 있다.

LIG넥스원의 경우에는 금성사가 1976년 만든 금성정밀공업이 방산업체로 지정되면서 레이더를 만들기 시작해 지금은 글로벌 시장에서 활약하고 있다.

또한 현대차그룹의 기아는 전신인 기아산업이 1973년 방위산업체로 지정된 후 지금까지 군용차를 만들고 있다.

경제 구조가 작은 상황에서 일반 기업들이 선뜻 생산하려 하지 않는 분야에 사실상 독점권을 주고 일정 이익도 보장하는 방식은 우리 방산의 빠른 성장을 가능하게 했다. 하지만 훗날에는 납품만 하면 된다는 식의 폐쇄적이거나 안주하는 분위기가 생기기도 했다. 심지어 더 많은 이익을 보장받기 위해 군을 대상으로 한 로비, '방산 비리' 사건이 벌어진 것은 고속 성장의 그늘 중 하나다.

독자 개발 무기에 대한 집념

1970년대에 ADD가 개발을 주도하고 방위산업체가 생산을 맡는 제조 시스템이 갖춰졌다면, 1980년대 전후에는 서서히 핵심 무기를 만들 수 있는 전문적인 역량이 생기기 시작했다. 국가적인 산업화가 완성되어 가며 방산도 자리를 잡기 시작한 것이다.

대규모 예산도 투입됐다. 1974년 군사 장비 현대화 계획이 도입된 것이 대표적이다. 이른바 율곡 사업이다. 1974년부터 1992년까지 약 22조 원이 방위산업에 투자됐다.

이 과정에서 주요 무기들이 국산화되기 시작했다. 말 그대로 국내에서 무기를 본격적으로 만들기 시작했는데, 처음에는 선진국의 기술을 들여와 생산만 국내에서 하는 '면허 생산'을 했다. 쉽게 말해 로열티를 주고 설계하는 법, 만드는 법을 배워 국내에서 만드는 방식이다.

하지만 K방산의 선구자들은 '자주 국방'을 포기하지 않았다. 기술을 단순히 사 오는 것에 머무르지 않고 면허 생산을 통해 얻은 노하우를 이용해 꾸준히 기술을 축적했다. 향후 독자적인 무기를 만들기 위한 초석을 놓은 것이다. 그리고 독자 기술을 개발해야 수출도 할 수 있었기 때문에, '산업'으로서의 의미를 가지려면 반드시 거쳐야 할 과정이기도 했다.

소총이 그 시작 중 하나였다. 1970년대 초 미국 기술을 받아 M16 소총 면허 생산이 국내에서 시작됐는데, 10년 뒤 1984년에는 한국 소총 K2를 독자 개발한 것이다. K2는 지금도 우리 군에 지급되고 있다.

미국 제너럴 다이내믹스에서 설계를 받아와 국내 생산한 K1 전차도 1980년대 후반 처음 등장했다. 올림픽을 앞두고 대중에 공개돼 '88열차'란 별명을 가진 이 전차를 국산화하면서 생긴 노하우가 지금 해외 수출품이 된 K2 전차로 이어졌다.

미군의 155㎜ M109 자주포도 면허 생산을 통해 1985년부터 국내 생산하기 시작했다. K55 자주포다. 이 노하우 역시 이후 K9 자주포의 기반이 되었다.

또 바다에선 1983년부터 돌고래급 잠수정이 면허 생산을 통해 진수돼 이후 국산 첫 잠수함 장보고함 생산으로 가는 발판이 됐다.

이런 과정이 가능했던 것은 북한과의 대치 속에서 탄탄하게 버텼던 한미동맹이란 '네트워크'도 크게 작용했다. 때로는 미국에 많은 비용을 지불해야 했고, 미국 기업이 중요한 핵심은 알려주지 않기도 했다. 하지만 여러 방산 관계자들은 그래도 동맹이었기에 미국의 우수한 방산 기술이 자연스럽게 전수되었다고 말한다.

독자 기술 쌓이자 세계로

1990년대에 들어서면서 본격적인 K방산의 성장이 시작되었다. 현재 K방산의 대표 무기들이 다수 만들어지는 시기이다. 1970년대에 생산 시스템을 갖추고, 1980년대에는 노하우 습득으로 실력을 쌓은 뒤, 1990년대에 이르러 비로소 세계 시장에서 경쟁할 수 있는 한국 고유의 무기를 내놓기 시작한 것이다. K2 전차, K9 자주포, T-50 고등훈련기 등이 1990년대에 본격 개발됐다. 2000년대 이후에는 일부 국가만 보유하고 있는 이지스함과 고난도 유도 무기 천무, 천궁 등이 등장했다.

주요 무기와 부품을 해외 기술력에 의존하는 일이 줄어들면서 수출이 늘었다. 일일이 원조 기술을 가진 해외 기업이나 국가에 허가를 받지 않아도 되고, 독자 개발이 늘면서 적극적으로 수출이 시작된 것이다. 기업들은 각종 무기 생산 설비를 놀리지 않고 해외 진출을 모색하기 시작했다.

1990년대 연평균 7000만 달러 안팎에 그쳤던 방산 수출은 2000년대 들어 연평균 2억 달러 수준으로 뛰어 올랐다. 독자 개발한 상품이 늘어난 것이다. 2004년에는 인도네시아에 대형 상륙정을, 2007년에는 튀르키예에 기본 훈련기를 수출했다. 2008년에는 K2 전차 기술 수출 등이 이어졌고, 그해 총 방산 수출액 10억 달러를 돌파하는 기록도 세웠다.

2022년 러시아의 우크라이나 침공도 전환점이 되었다. 유럽 각국에는 재무장이 필요하다는 인식이 커졌다. 2024년 11월, "더 이상 미국이 지켜주지 않는다"고 외치는 도널드 트럼프 미국 대통령의 당선도 영향을 미쳤다. 비싸고 AS가 힘든 기존 방산 강국 대신 K방산의 제조 경쟁력과 정확한 납기納期, 가성비에 세계 각국이 주목하기 시작했다. 이 바람을 타고 K방산은 수출 200억 달러 돌파를 목표로 하기에 이르렀다.

이제 K방산의 길을 실제 걸었던 사람들에게서, 그들이 거쳐온 세월 속 경험을 들으려 한다. 1부에서는 1960~1980년대 열악한 환경 속에서 K방산의 기틀이 어떻게 놓였는지 선구자들의 이야기를 들었다. 2부에서는 현재 세계에서 주목하는 K방산 대표 무기들의 탄생 주역들로부터 개발 비화를 듣고 소개한다. 3부에서는 최근 마스가MASGA·미국 조선업을 다시 위대하게 프로젝트로 떠오르고 있는 해양 방산 무기를 다룬다. 4부에서는 K방산 최일선에서 뛰고 있는 현역들의 생생하고도 디테일한 경험담을 전한다.

PART 1.

K방산의 원천을
만든 사람들

방위산업은 쉽게 말하면 적의 공격을 막고, 적을 타격해 위협을 제거하는 수단을 만드는 시스템이다. 정확하게 목표를 선제 타격하지 않으면 그 반격으로 오히려 아군이 큰 피해를 볼 수 있다. 또 목표를 사전에 제대로 포착하지 못하면 공격을 방어하거나 피하지 못한다. 찰나의 순간에 사람의 생명이 오갈 수 있는 만큼 정확도도 중요하다. 이 모든 요소를 갖추기 위해선 결국 기술이 필요했다. 6·25 전쟁의 참상을 딛고 이제 막 산업화의 기틀을 잡아가려는 대한민국에서 지푸라기라도 잡는 심정으로 기술 습득에 애썼던 선구자들로부터 K방산은 시작됐다.

도미기사단

추진 배경	1960년대 말 '자주국방' 추진, 보병 기본 화기 '소총' 국내 생산 필요
선발 과정	1971년 '공대 기계과, 군필자, 기계 분야 경력 5년, 기술자와 영어 30분 이상 대화 가능' 조건, 60대 1 경쟁 뚫고 27명 선발
활동·성과	1973년 준공한 군(軍)조병창 근무, M16 연간 10만정 생산 성공

| 1장 |

K방산의 시작-
27인의 도미 기사단

황익남
전 육군 대령

'6·25 전쟁 때 소총 한 자루조차 만들지 못하던 나라.' 반세기 만에 전례 없는 성장을 달성한 K방산의 도약을 소개할 때 가장 많이 등장하는 문장이다. 소총마저도 해외 원조에 의존해야 했던 한국은 언제부터 국산 소총을 만들 수 있게 됐을까. 답을 찾기 위해 50여 년을 거슬러 올라가면 'M16 소총 도미渡美 기사단'이라는 생소한 이름을 마주하게 된다. 1970년대 초 'M16 소총 국산화' 특명을 받고 미국으로 날아간 27명의 도미 기사단이 있었다. K방산의 시작이었다.

⊕   도미 기사단의 일원이었던 황익남 전 육군 대령을 2024년 10월, 경기 용인시 자택에서 만났다. 황 전 대령은 "도미 기사단 27명이 모두 함께 고생했고, 그중에서도 강영택 단장이후 청와대 비서관 근무 역할이 컸다"며 "모두 함께 힘을 모았기에 자주국방의 기초를 닦을 수 있었다"고 했다. 동료에게 공을 돌린 황익남 전 대령을 통해 27인의 이야기를 들었다. 강 전 단장은 건강을 이유로 인터뷰를 고사했다.

월남전 파병 갔던 공대 출신 용사

1939년 강원도 강릉에서 태어난 황익남 전 대령은 "나라 없는 백성은 불행하다"는 말을 들으며 성장했다. 이런 영향으로 강릉상고 재학 시절부터 국가를 위한 삶을 꿈꿨고, 육군사관학교에 입학했다. 1962년 육사 18기 보병 장교로 임관한 그는 전방 근무를 하다 서울대 공대 기계공학과 위탁교육을 다녀왔다. 그후 육사 교수부에서 '병기공학'을 가르쳤다. 민간 대학 위탁교육에 딸린 조건이었다. 그리고 1970년 맹호부대 중대장으로 향했다.

"군인이라면 당연히 있을 자리는 '최전방'이라고 생각했습니다."

전장에서 그는 불량 없는 무기의 중요성을 절실히 느꼈다.

"총기 하나 고장 나면 그게 곧 사람 목숨 문제였어요. 총알이 걸리거나, 격발이 안 되거나······. 그때부터 무기의 '신뢰성'이란 게 어떤 건지, 뼈저리게 알았죠."

그때 참전한 우리 파병 군인들이 주로 사용했던 무기는 미군이 지원한 M16 소총이었다.

"M16 소총의 우수한 성능을 월남 전장에서 직접 경험했는데, 나중에 기술자로서 이 소총 제작법을 배우러 제가 미국으로 가게 될 줄은 상상도 못했습니다."

이후 1971년 귀국한 그는 전방이 아닌 육군본부 일반참모부에 배치됐다. 그해 국방부는 M16 소총의 국산화를 위해 미국 콜트사와 기술 협정을 맺고 이를 위해 도미 기사단 선발에 나섰다. 이들은 미국 현지에서 M16 소총 생산 기술을 배우고, 이를 국내에 도입해야 하는 중대한 임무를 부여받았다. 황 전 대령도 이를 위한 국가의 부름을 받았다. 월남에서 돌아온 지 2개월여 만이었다.

박정희의 특명, '우리 손으로 우리 무기를'

콜트사와의 기술 협정은 뒤늦게 알려졌지만, 박정희 정부가 3년 넘게 공을 들인 숙원 사업이었다. 1968년 1월, 청와대가 습격당하는 사건이 발생한 이후 정부는 전국에 예비역 250만 명 규모를 토대로 향토예비군을 창설했다. 문제는 예비군을 위한 기본 무기가 부족했다는 것이다. 정부는 미국 측에 한국에 군수공장을 건설해야 한다고 건의했다. 현재 기밀이 해제된 대통령비서실 문건 'M16 및 탄약공장 설치를 위한 차관 교섭'1969년 8월 8일 등에 따르면 한국 정부는 소총 공장 건설을 서두르기를 원했지만, 콜트사와 기술이전과 인력 선발 등을 두고 이견이 컸다.

콜트사는 당시 "직접 기술 인력을 선발하겠다"고 했다고 한다. 한국과 협력하기 전 다른 아시아 국가와 M16 소총 기술 이전 방식으로 생산을 추진했는데, 결과적으로 실패로 끝난 경험 때문이었다고 한다. 당시 해당 국가에서 기술을 배우러 미국에 왔던 인력들은 의지도 부족했고, 연수를 마친 뒤에는 각자 더 좋은 직업을 위해 뿔뿔이 흩어졌다는 것이다.

추후 도미 기사단 단장을 맡은 강영택 당시 육군 조병창탄약생산공장 기술부

모 집 요 강

해외유학 기술요원 모집 공개경쟁 시험을 다음과 같이 실시함.

1. 모집인원 : 00 명 (남자)
2. 모집지역 : 서울, 부산 (전원 부산에서 근무)
3. 모집직열 (2.3급) : 기계, 원자력, 화학, 금속
4. 시험과목

직 열	3급과 역시	3급 을
기 계	수학, 국어, 기계공학	수학, 영어, 기계공학
원자력	" " 구조학	" " 구조학
화 학	" " 화 학	" " 화 학
금 속	" " 금속화학	" " 금속화학

5. 모집일정

과정별	일 정	장 소	비 고
원서교부및접수	71.11.5~11.20. (매일 1000~1600시)	육군본부 6683부대 과 행정안내실	공휴일은 제외 토요일은 11:30 까지
1차 (서류심사) 발표	71.12.7. 10:00	" "	수험표교부및신원조회수속 (필기구, 인장, 사진(3X4) 2매 지참)
어,써,예비기계 소양시험	1차발표시별도공고 71.12.13.	육군행정학교	
2차 (어,써,예비기계 소양시험) 발표	71.12.19. 08:30	육군본부 6683부대 과 행정안내실	합격자에 한해 필기, 면접 시험실시
필기회 면접시험	71.12.19. 09:00 (월요일)	1차발표시용보	주민등록증, 필기구, 지참
신체검사	71.12.26. 09:00	서울, 부산, 국군 통합병원	필기구 지참
최종발표	72.1.10. 13:00	육본, 6683부대 과 행정안내실	

-1-

1971년 '해외 유학 기술요원' 모집 공고.
당시 엘리트 인재인 공학 전공자 1,800여 명이 대거 몰렸다.

장 등은 "기술을 완전히 배워오려면 우리가 인재를 선발해야 한다"고 고집했다고 한다. 그 결과, 육군본부가 1971년 11월 신문에 '국외 유학 기술 요원 모집' 공고를 낸다.

해외 출국 자체가 어려웠던 시절, 1972년 상반기에 바로 9개월간 도미 기술 교육을 시켜준다는 공고에 전국에서 공학도들이 구름처럼 몰렸다. '공과대학 기계과 전공, 군필자, 기계 분야 경력 5년'에 더해 '영어 회화 및 전문 기술 분야 영문 원서 해독 가능자' 등 까다로운 조건이었음에도 약 1,800명이 지원해 27명이 선발됐다. 다만 미국 어디에서, 무엇을 배우는지는 '극비'였다.

대한항공도 없던 시절, 1972년 초 노스웨스트항공 여객기를 타고 하와이를 거쳐 미국으로 향하기 직전에야 이들은 자신들이 해내야 할 정확한 임무를 알게 됐다. 'M16 소총 제조 공장 도미 훈련기사'가 이들의 공식 직함이었다. 소총 하나도 우리 손으로 만들 수 없던 시절, 박정희 전 대통령은 '우리 손으로 우리 무기를 만들어야 한다'는 자주국방을 강조하며 1971년 국방부 조병창造兵廠을 착공했다.

당시 한국의 정밀기계공업은 규정된 공차 범위 내 제품을 10개도 연이어 만들지 못하고 불량을 내던 시절이었다. 이들은 공장 준공에 맞춰 1년 안에 미국에서 M16 소총을 제조할 수 있는 모든 기술을 배워와 국내 생산을 준비해야 했다. 목표는 '연간 소총 10만정 생산'이었다.

'운전면허'도 없던 험난한 미국 적응기

도미 기사단은 1972년 3월 미국으로 출국했고, 일부는 미국 텍사스주에 있는 미국 국방어학원DLI에서 약 3개월 동안 짧은 어학 연수부터 받았다. 그

후 미국 코네티컷주 하트퍼드에 있는 콜트사에서 본격적인 기술 연수를 시작했다. 그런데 M16 기술을 배우기도 전에 또 다른 장벽도 많았다.

"그때 서울 반포에 아파트가 처음 생기던 시절이에요. 우리는 미국에서 고층 아파트를 처음 봤는데, 신기하고 낯설고 멋있었어요."

도미 기사단은 아파트 '기숙사' 생활을 하며 공장으로 출퇴근했다. 숙소로 지급받은 아파트가 신기했던 것도 잠시, 차량으로 20분 정도 걸리는 출퇴근 거리가 문제였다. 운전면허가 있는 사람이 아무도 없어 부랴부랴 몇 명이 면허를 땄다.

"몇 명이 공터에서 '속성 운전 교육'을 받은 게 우리의 첫 기술 수업이었습니다."

아시아 남성 여럿이 검은 양복에 서류 가방을 들고 다니면 현지인들이 신기한 눈으로 바라봤다. "후진국인 한국이 무슨 총을 만드느냐"는 비아냥도 들었다. 이때 든든한 응원군이 찾아왔다. 지역의 한인 교민들이었다. 특히 나중에 연세대 총장을 지낸 고故 송자 교수는 당시 현지 대학의 회계학 교수로 재직 중이었다.

현지 한인 교회와 교민 사회는 도미 기사단을 귀하게 여겼다. 주말마다 불러 한식을 대접하고, 고된 연수에 지친 이들을 위해 드라이브도 시켜주었다. "그때 교민 분들의 후원이 없었다면 이역만리에서 정서적으로 너무 힘들었을 겁니다. 잘 배우고 귀국해 보답해야 한다는 마음도 강해졌고요."

불량률 제로 목표, 기술 배우러 미국 각지로

콜트사 연수 시절, 도미 기사단은 '공차'Tolerance 개념에 처음으로 깊은 충격을 받았다. 공차란 부품의 규정치에 대한 초과 허용 오차 범위를 말한다.

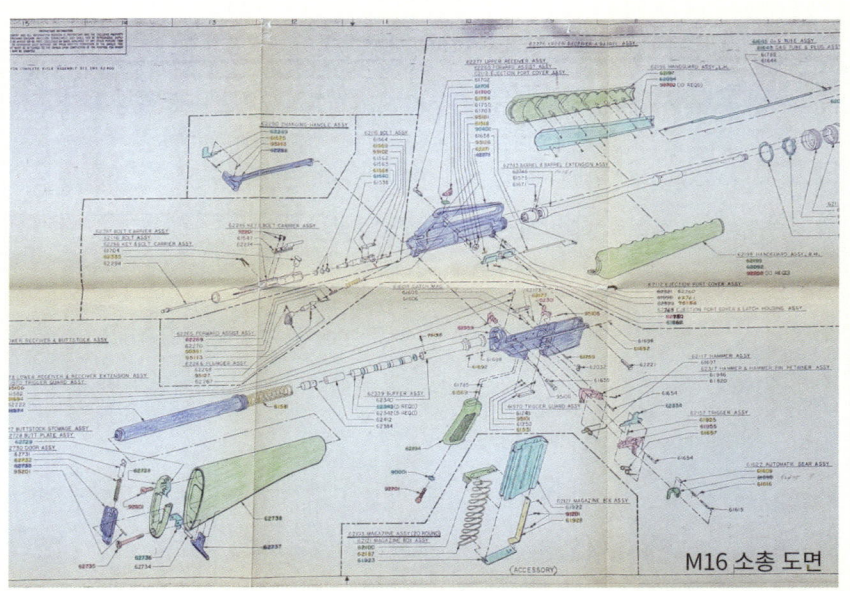

M16 소총 도면

예컨대 볼트 지름이 규정치 6㎜일 때 ±0.02㎜ 범위 안에서만 가공을 허용해야 한다는 기준이다. 미국 기술자들은 이 범위의 0.01㎜ 벗어남에도 민감하게 반응하며 제품에 불합격 처리를 했다.

"당시 1970년대 한국의 정밀기계공업은 대량생산 개념이 없어 조악했습니다. 장인이 부품 1~2개를 만들면 기가 막히게 품질이 좋았지만, 여러 공정과 사람의 손을 거치는 순간 공차 이내의 제품이 10개도 생산되지 않는 불량이 나왔습니다."

도미 기사단은 '기술은 감이 아니라 수치다'라는 생각을 판단 기준으로 '불량품 없애기'에 집착했다. 당시 콜트의 불량률은 6% 수준이었지만, 도미 기사들의 목표는 '불량률 제로$_0$'였다.

"당시 나라가 그렇게 어렵던 상황인데 엄청난 경쟁률을 뚫고 미국까지 기술 연수를 왔으니, 불량률을 줄이는 게 무조건 최선이자, 애국이라고 생각했습니다."

1년도 안 되는 단기 교육 과정에서 도미 기사들이 집요하게 달라붙자 콜트 기술자들도 '맨투맨'으로 기술을 전수해 주었다. 처음에는 의견 충돌도 잦았다. 당시 M16 주요 부품은 126개였다. 도미 기사들이 126개 기술을 모두 알려달라고 하자 콜트에선 "무슨 소리를 하느냐"며 "우리는 핵심 부품 몇 개만 만들고 나머지는 협력사가 만든다"고 했다. 당시 한국은 협력사 개념도 없었다. 결국 콜트의 하도급 회사가 있는 미국 서부와 중부까지 뿔뿔이 흩어져 126개 부품을 만들 기술을 모두 배웠다.

'자주국방 1세대' 귀국 후 M16 조기 생산, 조병창의 전환점

이렇게 집요하게 기술을 배워 귀국한 이들은 부산의 국방부 조병창으로 향했다. 1973년 준공한 조병창 소총 공장에서 드디어 생산에 돌입했다. 부산의 대표 문인 요산 김정한 선생은 조병창 건립 기념 비문을 이렇게 지었다.

> 국방은 한 나라의 존립을 보장하는 최대의 요건. 방비를 등한히 해 외적의 침략을 받았던 치욕스러운 역사를 다시는 되풀이 말자. 여기 자주국방을 다짐하는 무기 생산의 터전을 마련했다. 우람한 가동 소리는 조국의 영원한 안전과 자유를 굳건히 보장하리라.

집요하게 미국에서 기술을 배워온 도미 기사단의 새로운 임무는 1974년부터 6년 동안, 매년 10만 정씩 모두 M16 소총 60만 정과 6% 규모의 수리 부속품을 생산해내는 것이었다. 부산 국방부 조병창에서 국산 시리얼 넘버 '001'이 찍힌 M16을 만들어 박정희 당시 대통령에게 보고한 뒤였다. 박정희 대통령은 당시 기장군 철마면에 있던 조병창을 방문해 직접 격려하고 '정밀하게 병기를 만든다'는 뜻을 담아 친필로 '精密造兵'정밀조병이라고 쓴 휘호도 보냈다.

당시 저작권료일종의 로열티 등을 감안한 콜트사와의 계약 조건이 60만 정이었다. 그런데 불과 4년 3개월 만인 1978년 3월 60만 정을 생산했다. 당시 월남이 무너지는 것을 보면서 자주국방에 대한 절박감이 컸고, 더욱 '속도전'을 냈던 것이다. 야근은 기본, 밤샘조도 흔했다. 작업자들과 직접 기계를 돌리며 오류를 수정하고 목표 조기 달성에 총력을 기울였다.

"대충 만들어서는 절대 안 됐습니다. 누군가 목숨을 걸고 쏠 총이었으니까요."

국내 무기 자립화의 첫 발을 떼는 결정적인 순간이었다.

1973년 국방부 조병창 준공식 장면

1970년대 당시 조병창 공장 내부 모습

"2교대를 해가며 소총을 생산하고 정부 요청에 따라 M60 기관총, M203 유탄발사기 등 새로운 무기도 제조해야 했습니다. 모두들 너무나 힘들었지만 가장 보람 있던 순간으로 기억하고 있을 겁니다."

M16 소총 제조 노하우가 쌓였을 때, 한 중동 국가의 왕족이 방한해 한국산 소총에 관심을 보였다. 그 왕족에게 선물할 소총 한 자루를 만들어야 했는데, M16은 미국 기술라이선스이기 때문에 똑같이 만들 수가 없었다. M16을 기초로 하되 그간 축적한 기술을 활용해 새로운 소총을 만들었다. 이것이 바로 국산 소총 'K1'의 시발점이었다.

도미 기사단의 유산, 정밀 제조 산업의 씨앗

도미 기사들이 미국 콜트에서 배워온 생산 시스템, 공정 관리, 품질 기준, 설계뿐만 아니라 정밀기계 공업을 대하는 사고방식은 이후 한국 산업계 전반에 큰 영향을 미쳤다.

"우리가 배운 건 단순히 총 만드는 기술 하나가 아니었어요. 미국이 어떻게 품질을 관리하고, 어떻게 공정을 설계하고, 어떻게 시스템을 유지하는지 전체적인 시스템을 배운 거죠."

M16 도미 기사단은 'K방산'의 씨앗을 뿌렸을 뿐만 아니라 당시 황무지와 같았던 한국의 정밀기계 공업의 선구자 역할도 맡았다. 도미 기사들이 귀국 후 일했던 국방부 조병창은 국가사업 민영화 정책에 따라 1981년 말 대우정밀로 민영화됐다.

민영화 전후로 도미 기사는 군軍, 방산 기업, 기계공업 각 분야에 진출했다. 도미 기사들은 "당시 미국에서 밤낮으로 갈고 닦은 M16 제조 기술이 박격포, 자주포 등 핵심 K무기들로 이어진 건 물론이고 'K원전'으로까지 이어졌다"고 말한다.

인하대 기계공학과 출신 윤영길 전 교수는 1978년 국내 1호 기계 공정 기술사가 됐다. 한국베어링 부평 공장에서 일하다 '원전 국산화 프로젝트'에 참여해 미국 원전 기업 컴버스천 엔지니어링Combustion Engineering·CE으로 파견을 나가, 2년간 기술팀장을 맡으며 원전 기계 보수 기술을 배워왔다.

강흥림 전 삼진엔지니어링 전무는 대우정밀에서 근무하다 이후 원자력발전소 울진 3·4호기, 월성 2호기 설비 제작에 참여했다. 김은호 전 삼성중공업 부장은 대한중기공업현 현대위아 공장에서 박격포 포신 등 주요 부품 제작에 참여했고, 한국중공업과 삼성중공업에서는 굴착기, 불도저 등 건설 중장비 개발, 생산에도 참여했다. 양재근 기사도 한국중공업에서 한국형 K9 자주포 기획을 맡았다.

귀국한 도미 기사단 출신 인사들은 방산 분야는 물론, 민수용 기계·전자 분야에서도 활약했다. 일부는 대우정밀, 대우중공업, 현대정공, 삼성항공, 통일산업, 동명중공업, 기아기공 등으로 옮겨 산업계의 기반 기술을 전파했고, 'K방산'이라는 이름으로 불리는 오늘날의 무기 수출국 한국의 기초를 다졌다.

K방산 거점 '창원산단' 조성에도 기여

경남 창원은 대표 방산 기업 한화에어로스페이스, 현대로템 등이 자리 잡은 '방산 도시'로 자리매김했다. 이곳 창원에도 도미 기사단의 발자취가 남아 있다.

강영택 단장은 이후 박정희 청와대 '경제2비서실'에서 비서관으로 일했다. 경제2비서실은 당시 중화학공업 정책, 공장 건설 등의 업무를 전담했는데,

오원철 당시 수석비서관, 김광모 비서관 등도 함께 일했다.

이때 박정희 전 대통령이 자주국방과 중화학공업 육성을 지시함에 따라 창원·울산·온산·구미·여수 등 6개 도시에 산업기지를 조성했다. 그중에서도 넓은 구릉지이면서 외부로부터의 공격을 방어할 수 있는 요새 지형에 바다와 인접해 항만, 철도, 도로 등 수송 조건도 좋은 창원은 방산 거점으로 최적지였다.

당시 한국에선 정밀기계 공업 관련 교육 자체가 드물었기 때문에, 도미 기사들은 기술자인 동시에 '강사' 역할도 맡아야 했다. 창원 산단 조성 초기부터 이들은 생산 시스템 진단과 순회 교육을 다녔다고 한다. 1970년대 중후반 경남 사천에서 대한항공이 처음 시작한 헬리콥터 조립 생산 때도 이들의 도움을 받았다. 당시 대한항공 엔지니어들은 부산의 조병창을 찾아와 교육을 받았다.

"올해2024년 국군의 날 퍼레이드에 등장한 한국 방산 제품들을 보면서 50여 년 전 고생했던 순간들이 생생히 떠올랐습니다. K방산은 이제 도약을 시작하는 단계인데, 첨단 무기는 비축이 되면 금세 포화 시장이 되기 때문에 차세대 무기 개발에 더 힘을 쏟아야 합니다."

인터뷰에 응한 황익남 전 대령을 통해 이들 도미 기사단의 이야기를 일부 옮겼다. 이하는 도미기사단 27인의 이름과 이들이 콜트사에서 맡았던 직책부품 분야 또는 역할이다. 현재 K방산의 기틀을 마련한 이들에게 깊은 존경심을 보낸다.

도미기사단 27인

단장 강영택 General manager
황익남 Drilling, Milling, Grinding(절삭 및 연삭 가공)
윤영길 Drilling, Milling, Grinding(절삭 및 연삭 가공)
오세인 Screw & Bar m/c(자동선반 가공)
차일남 Carrier key, Charging handle, Receiver extention(노리쇠집 키, 장전손잡이, 몸통연결)
이경식 Bolt carrier(노리쇠집)
박일청 Bolt(노리쇠)
김연곤 Barrel(총열)
박찬덕 Front sight(조준기)
이수일 Trigger, Hammer(방아쇠, 공이치기)
김원도 Lower receiver(아래 총몸)
김은호 Upper receiver(윗 총몸)
유태권 Forging(단조)
임창호 Heat treat(열처리)
양재근 Investment casting(정밀주조)
최선호 Plastic(플라스틱 성형)
정승구 Stamping(스탬핑)
강흥림 Spring, Cold heading, Roll pin(스프링, 헤딩, 롤핀)
곽석기 Cutter grinder(절삭공구 연마)
김형우 Tool room(툴 제작)
이용팔 Maintenance(정비)
곽현환 Assembly & Range(조립 및 사격)
이이웅 Q.C.(품질관리)
박남섭 Q.A.(수령검사)
석한태 Metrology(정밀측정)
원국광 Finishing(표면처리)
백영기 Industrial Engineering(생산능률)

탄도미사일 '백곰'

1978년 9월 26일 발사 성공
당시 세계 7번째 탄도미사일 개발
무게: 약 5,000kg
길이: 약 12m
속도: 마하 약 3.7

| 2장 |

1970년대
대한민국의 모든 역량을 모았다
백곰 미사일

안동만
전 국방과학연구소 소장

1970년대 대한민국은 북한의 위협이 극도로 커지며 절체절명의 위기에 처했다. 이에 대응하기 위해 우리나라 최고의 과학자, 기술자들이 한곳에 모였다. 우리 스스로를 지킬 수 있는 힘과 의지를 전세계에 알리기 위해 백곰 미사일을 쏘아 올리기로 한 것이었다. 이제 고작 흑백 TV와 자동차를 우리 손으로 만들 수 있게 된 대한민국에서 이들은 5t 미사일을 180㎞ 떨어진 목표를 향해 정확하게 날리는 과업에 도전했다.

⊕   2024년 10월의 어느 비 오는 가을날 만난 안동만 박사는 세련된 영국 신사 같았다. 그는 국방과학연구소ADD 역사상 첫 연구원 출신 연구소장2005~2008년이다. 시종일관 침착한 말투로 핵심 무기 개발 경험을 떠올릴 때는 소년처럼 미소 지었다. 결코 격앙되지 않았다. 수십 년 전 일을 전할 때도 논리적이고 생생했다.

그가 살아온 삶은 우리 방위산업 역사의 중심을 관통하고 있다. 대전에 살고 있는 안 박사와의 인터뷰는 서울역 근처에서 이뤄졌다. 대화가 4시간 가까이 이어지며 그는 예약해 둔 기차를 두 번이나 미뤘다.

대한민국 방위산업에 뛰어들다

1949년 경북 안동에서 태어난 안동만 박사는 자신을 가난한 말단 공무원 집안의 맏아들이라고 표현했다. 서울에 있는 대학교에 진학하는 것도 가정 형편상 쉽지 않은 결정이었다고 한다. 고등학교 때 영어 잡지를 가져다 팔면서 아르바이트를 하기도 했다.

그 시절 그가 가장 좋아했던 것 중 하나는 친구들과 어울려 보던 SF 만화 〈정의의 사자 라이파이〉였다. 1959년부터 연재된 이 만화에 등장하던 다양한 우주선과 비행기에 매료된 그는 진로를 항공공학으로 일찌감치 정했다고 한다.

성적은 우수했다. 1969년 서울대 공대 항공공학과에 입학했다. 의대가 아니라 공대에 대한민국 최고 엘리트들이 모이던 시절이었다. 그리고 학과에서 조교 생활을 하다 처음 방위산업을 만났다. 1971년쯤 이해경 교수가 한국과학기술원KIST에서 의뢰받은 박격포 포탄 응용 연구에 조교로 참여한 것이다.

대한민국은 당시 ADD를 중심으로 방위산업을 막 키우기 시작한 상태였다. ADD만으로는 감당할 수 없어 국내 주요 대학과 한국과학기술원 등의 연구기관에 무기 관련 기술 개발을 맡길 때였다.

안 박사가 있었던 연구실에서는 박격포 포탄이 목표를 타격한 후 주변으로 확산하는 '분산 탄두'를 개량하는 연구를 하고 있었다. 박격포탄을 쏜 후 어떤 지점에서 터트려야 분산 효과가 커질지 계산하는 것 등은 항공공학 분야와도 밀접한 관련이 있다. 그래서 전문가를 찾던 중 이 연구가 서울대 공대 항공공학과까지 흘러온 것이다. 안 박사는 이 연구에 참여한 것이 계기가 되어 졸업 후 KIST에 입사했다. 그리고 박정희 대통령의 강력한 의지 아래 우리나라가 방위산업 기반을 닦기 시작하면서 안 박사 역시 국방 연구 개발 개척의 길로 들어섰다.

약소국의 설움과 자주 국방 꿈이 동시에 담긴 백곰 프로젝트

안동만 박사가 박격포탄 연구를 하던 1971~1972년 언저리는 우리 방위산업의 중요한 전환점이었다. 특히 1971년 12월 27일이 그랬다. 창설된 지 1년이 갓 지난 ADD에 박정희 대통령의 긴급 명령이 날아든 것이다.

"1975년까지 사거리 200㎞의 지대지 미사일을 개발하라."

당시 대한민국에는 북한의 위협을 막아주던 주한미군이 철수할 위기에 처해 있었다. 때문에 우리 스스로 독자적인 국가 방위를 해야 하는 상황에 대한 두려움이 컸다.

박정희 대통령의 지대지 미사일 개발 결심을 부추긴 것은 1969년 7월 25일 당시 미국 대통령 리처드 닉슨이 괌에서 발표한 이른바 '닉슨 독트린'이었다. 미국이 아시아 등 동맹국에 대한 군사적 개입을 줄이고, 각국이 스스

위 1978년 백곰 미사일 발사 성공 뒤 박정희 대통령이 ADD 연구원들을 격려하는 모습. 당시 박 대통령이 안동만 박사 손을 잡고 있다.
아래 2007년 K2 전차 시제품 출고식에 참석한 노무현 대통령에게 당시 안동만 ADD 소장이 전차에 대해 소개하는 장면.

로 자국의 안보를 책임지도록 하겠다는 내용이었다. 이후 우리나라에 있던 미군 2개 사단을 철수시키자는 논의가 불거졌고, 실제로 사단 하나가 철수했다.

그런 상황이 닥치자 북의 위협은 더욱 크게 느껴졌다. 맞대응할 수단이 필요하다는 게 박정희 대통령 등 국가 수뇌부의 생각이었다고 한다. 서울에서 약 170㎞ 떨어진 곳에 있는 평양을 곧바로 타격할 수 있는 무기가 필요했다. 결국 사거리 200㎞급 지대지 미사일 개발이 시작됐다.

안동만 박사는 "당시 남한은 군인 숫자는 북한의 절반, 비행기 대수는 거의 3분의 1이나 4분의 1, 함정 수도 3분의 1 정도밖에 안 되었기 때문에 미군이 없으면 (전쟁이 나도) 아예 게임이 안 되는 시절이었죠"라고 했다. 이런 위협을 극복하기 위한 고민에 대한 답은 언젠가 미군이 사라질 때를 대비한 '자주국방'이었다.

2025년 10월 말, 이재명 대통령과 도널드 트럼프 미국 대통령과의 한·미 회담에서 등장한 '핵잠수함 협력' 역시 자주국방 관점에서 우리 군이 오랫동안 바랐던 것이다. 이 글 뒤에 등장하는 많은 K방산 영웅들 역시 의식적, 무의식적으로 평생을 '자주국방'을 의식하며 살았다.

어쨌든 닉슨 독트린으로 촉발된 자주국방은 K방산의 시작이 됐다. 그리고 그 처음이 바로 지대지 미사일이었다. 그러나 미사일은커녕 소총이나 수류탄 등의 소소한 무기조차 독자 개발해 본 적 없는 우리 군에겐 이것은 거의 불가능한 미션이었다.

그럼에도 안 박사 등 K방산 개척자들은 주저 없이 이 일에 뛰어들었다. 훗날 '백곰'이라고 불리는 한국 최초의 탄도미사일 개발의 시작이었다. 사실상 당시 대한민국의 모든 역량이 총동원됐다. 그리고 한 편의 첩보전처럼 긴박하고 은밀하게 진행됐다.

최고 인재들이 방위산업에 몰리다

안동만 박사는 박정희 대통령의 개발 명령이 떨어진 후 약 1년이 지난 무렵인 1973년 초, KIST에서 ADD로 옮겨 왔다. 당시 ADD에는 K-방산의 토대를 쌓은 주역 중 한 명인 심문택 ADD 소장과 이경서 박사 등의 지휘 아래 내로라하는 최고 인재들이 모이고 있었다. 청년 안동만도 그중 한 명이었다.

당시 핵심 인재들이 ADD에 몰린 것은 단지 애국심만은 아니었다. 파격적인 대우가 뒤따랐다. 안 박사는 당시 ADD 연구원들이 삼성 같은 대기업보다 더 파격적인 대우를 해줘서 1등 신랑감으로 여겨질 때였다고 회고했다. 일반인들은 해외여행은커녕 여권 발급 받는 것도 까다로운 시기에, ADD에서는 기술을 배우러 매년 수십 명을 선진국에 파견해 글로벌 경험을 쌓게 했다. ADD 연구원으로 특례 보충역 제도가 생기면서 군 문제도 해결됐다. 안 박사는 말했다.

"정말 일하는 게 힘들긴 했지만 나라에서 받는 지원을 생각하면 불평할 수가 없었어요. 당시 삼성에 갔던 친구들도 ADD로 많이 오곤 했어요. 해외연수를 가면 월 500달러를 줬는데 생활비를 쓰고도 100달러는 집으로 보낼 수 있었으니까요. 지금이야 의대가 인기지만 그때는 공학이 최고였고 그런 인재들이 ADD에도 모인 거죠."

첩보전 같은 개발 작전

ADD에 모인 백곰 개발팀은 당시 한국에 있던 미국 미사일 '나이키 허큘

T-50(KTX-2) 개발과 관련한 기술 검토를 할 때, 미국 텍사스 제너럴 다이내믹스 공장을 방문한 모습.

리스'를 토대로 지대지 미사일을 만들기로 했다. 처음 이 미사일을 만든 맥도널더글러스사는 2000만 달러를 주면 미사일 설계와 시제품 제작 등까지 다 해준다고 우리 정부에 제안했다고 한다. 하지만 ADD는 160만 달러만 내고 기본 설계만 배운 후 계약을 종료하고 자체 설계를 하기로 했다. 너무 큰돈인 데다 무기를 사기만 해서는 우리 기술을 키울 수 없기 때문에 직접 개발에 도전한다는 게 당시 ADD 생각이었다.

우리 기술로 미사일을 만들겠다고 결심을 하기는 했지만, 제작의 기본 개념조차 잡히지 않을 때였다. 기술 연수가 필요했다. 20~40대 안팎 연구원 10여 명은 1974~1975년 전후 미국 캘리포니아주에 있는 노스럽항공사와 '나이키 허큘러스' 미사일 등을 만든 롱비치의 맥도널더글러스현 보잉사에 흡수 연구 시설로 떠났다.

이 중 안동만 박사가 속한 팀이 향한 곳은 노스럽항공사였다. 1975년쯤 미국 LA 인근의 작은 도시 호손Hawthorne을 근거지 삼아 낮에는 공부를 하고, 밤에는 작전을 수행했다. 숙소로 쓰던 조그만 아파트에 모여 복사기 한 대로 항공기와 미사일에 관련된 다양한 기술 책자들을 복사한 것이다. 노스럽항공사 도서관에 있던 각종 논문과 맥도널더글러스사에서 제공한 기술 자료 등의 사본을 만들어서 한국에 가져가기 위함이었다. M16 소총 기술을 사 와서 생산을 시작한 지 1~2년밖에 되지 않은 한국 방위산업에는 항공 무기와 관련한 기초 자료가 전무했다. 그런 상황에서 선진국의 기술 자료는 보물과도 같았다.

특히 롱비치의 맥도널더글러스 팀은 미국 측이 교육 때 열람은 시켜주지만, 외부 반출을 금지한 것들도 있었다. 그래서 이들은 고민 끝에 낮에 받은 각종 자료를 "숙소에 가서 좀 더 공부하고 갖다주겠다"며 가지고 나왔다. 어떤 이는 몰래 품속에 책이나 서류를 넣어 갖고 오기도 했다. 고려 때 문익점이 목화씨를 몰래 들여오던 심정이 그러했을까.

그렇게 해서 한밤중에 숙소에서 40~50㎞ 떨어진 장소에 모여 밤새 복사를 했고, 전체 연구원이 한국에 귀국할 때 갖고 온 자료가 사과박스 크기로 10개 분량이 됐다고 한다. 모두 연구개발에 귀중한 자료가 될 선진 기술자료들이었다.

안 박사뿐만 아니라 다양한 분야에서 일했던 연구원들은 필사적으로 미국과 프랑스에서 기술을 배우고 습득했다. 백곰 미사일을 쏘아 올릴 때 쓰는 고체 추진 로켓을 만드는 과정, 기초 설계 제작 과정, 미사일이 목표를 향할 수 있게 지상의 레이더와 연계하는 유도 조종 컴퓨터와 소프트웨어 등이었다. 안 박사는 "뭐라도 배워야 한다는 필사적인 시기였어요."라면서 "나 개인을 위한 것이 아니라 나라의 미래를 위한다는 비장한 마음이 어떤 형태로든 우리들 연구원 모두에게 있었던 때였죠"라고 회고했다.

연구부터 생산까지 모든 게 첫 경험, 그리고 성공

연구도 난관이 많았지만 미사일을 만드는 것 자체도 힘들었다. 당시 우리나라는 막 제조업이 태동하던 시기였다. 1973년 당시 포항제철이 고로에서 처음 쇳물을 쏟아냈고, 삼성전자는 흑백 TV를 생산했다. 1975년에야 국산 자동차 포니가 처음 등장했다. 자동차를 갓 만들기 시작하던 시절에 이들은 500㎏짜리 탄두를 포함한 약 5t의 미사일을 180㎞ 밖 목표를 향해 정확하게 날리는 일에 도전하고 있었다.

"당시 국내에서 소총을 만들긴 했지만 소재는 전부 미국에서 가져왔고, 만드는 장비도 모두 미국에서 갖고 온 것이었어요. 우리가 갖고 있는 제조 기

술력이라는 건 길이를 재고, 깊이를 재는 일차원적인 형태였다고 해도 과언이 아닐 때였죠."

예컨대 알루미늄으로 기체를 만들어야 하는데, 당시만 해도 한국 제조업에선 항공기용 알루미늄이 생소한 소재여서 이를 제대로 가공해 본 곳이 거의 없었다. 경운기를 만들던 회사나, 자동차 부품을 만드는 회사를 수소문해 찾아서 일을 맡겼다. 거기서도 알루미늄판을 성형할 수 있는 기술이 없어 연구원들이 제작 공정도 연구해야 했다.

특히 전자 장비와 관련된 것들은 대부분 ADD가 먼저 설계하고 만들어본 다음에 제조업체에 가르쳐주면서 일을 맡겼다. 장비를 구해준 사례도 있었다. 연구원들이 미사일 설계 연구만 하는 게 아니라 전자기판, 로켓 추진기관 등을 만드는 제작 공정까지도 연구하다 보니 항공, 전자, 금속 가공 등 많은 기초 산업에서 노하우가 쌓였다. 이런 노력으로 1978년 9월 26일, 충남 서해안의 안흥시험장에서 솟아오른 백곰 미사일은 정확하게 표적을 맞힐 수 있었다.

안동만 박사는 "제가 한 일은 당시 백곰을 쏘기 위한 수많은 노력 중의 하나였을 뿐입니다"라고 했다. 이어서 "가난하고 기술도 부족했던 우리나라가 모든 역량을 총동원해 일구어낸 정말 기적 같은 일이었어요"라고 말하는 그의 눈빛에 과거의 정열이 스쳐지나갔다.

백곰의 환희도 찰나

백곰의 성공은 국제사회에 큰 파장을 낳았다. 일본 언론에선 '결국 핵 개발과 연관돼 있을 것'이란 보도가 나왔고, 당시 소련에서는 '남한의 핵 개발을 경고한다'는 성명도 나왔다.

박정희 대통령의 장거리 미사일 개발을 내내 불편해하던 미국은 1979년 7월, 주한미군사령관 명의로 '탄도미사일 개발을 중단하라'는 공식 서한도 보냈다. 1979년 9월, 노재현 국방장관은 '사거리 180㎞ 이내, 탄두 중량 500㎏ 이내'로 우리 스스로 제한하겠다는 미사일 자율 규제 서한을 보내야 했다.

국방장관의 서한은 고스란히 '한·미 미사일 지침'이 됐다. 사거리 등을 검증하기 위해 필요하면 미국의 사찰도 수용하겠다는 내용 등이 포함됐다. 안동만 박사는 "기술이 없으면 우리나라의 안보를 미국한테 볼모 잡힐 수 있음을 보여주는 장면이었죠"라면서 "제겐 기술 자립이 필요하다는 걸 뼈저리게 느끼게 하는 사건이었습니다"라고 했다.

이후 2000년 초에 사거리 300㎞로 개정되고, 2021년에는 모든 제한이 없어지게 되었는데, 이는 한국의 미사일 기술력이 자립할 수준이 된 덕분이다. 백곰 미사일 개발이 끝나고 1979년 박정희 대통령이 서거했다. 박 대통령의 서거는 ADD 내부의 사기를 꺾어 놨다. 이후 들어선 신군부는 1980년 당시 백곰 후속 개량형이었던 '백곰-2'NHK-2 미사일과 제트 추진 무인항공기 '솔개' 현무 프로젝트도 중단했다. 1980년대 초, 심문택 소장을 시작으로 안 박사가 몸담았던 항공 공업분야 연구팀의 이경서 부소장 등 주요 간부들이 ADD에서 물러나야 했다. 전체 인원도 크게 줄었다고 한다.

연구원 출신 첫 ADD 소장, "위축된 ADD 기 살리자"

안 박사는 1983년 귀국해 1984년 책임연구원이 되면서 항공 분야에서 중요한 기술 개발 역할을 연이어 맡았다. 현무, 해룡, 솔개, KTX-1, KTX-2 등 항공우주 시스템 연구·개발에도 참여했다. 특히 1983년 10월, 미얀마 아웅

산 테러 사건을 계기로, 다시 북한의 위협에 맞서기 위한 '현무' 미사일 개발이 시작됐다. '백곰'을 개량한 백곰2$_{NHK-2}$가 '현무1'이라는 이름으로 부활하여 개량형 지대지 미사일 개발이 추진됐다. 안동만 박사는 현무 미사일의 구조 개발 책임자로 일하며 단거리 대함 미사일 '해룡' 개발과 KF-16 기술 도입 생산 프로젝트의 기술 관리를 맡아 그간 쌓은 경험과 지식을 활용할 수 있었다.

이후 순항미사일 '현무3'의 개발과 군단급 무인기인 '비조'$_{현\,'송골매'}$의 국내 개발도 마쳤다. 국내 첫 독자 설계 기본 훈련기인 KT-1 개발도 주도해 우리 항공 무기 기술력을 강화하는 데 크게 기여했다. 특히 백곰에 이은 현무 시리즈는 현재 현무5로 이어졌다. 세계 최중량인 8~9t의 탄두를 달고 가공할 속도로 내리꽂히며 땅속으로 파고들어가 폭발해 지하 벙커를 무너뜨리는 괴물 미사일이다.

한편, 해외에 의존해 온 헬기와 전투기 등의 항공 전력을 국산화하기 위한 항공기 개발 프로젝트의 개념 연구에도 착수했다. 2003년부터는 국방부 연구개발관으로 우리나라 무기 개발과 방위산업 육성을 총괄하여 기업 주도 연구개발도 시작했다.

그리고 2005년, 안동만 박사는 민간인 연구원 출신으로는 처음으로 ADD 소장에 임명됐다. 그간 ADD 소장은 주로 예비역 장성들이 맡아왔는데, 그 관례가 깨진 것이다.

그는 재직 기간 동안 '열린 국방'을 강조하며 산·학·연 연구 개발 협력을 특히 중요하게 생각했다. 군의 폐쇄적인 문화를 깨뜨려야 한다는 생각은 지금도 마찬가지다. ADD의 발전을 위해서 관료주의를 극복하는 것이 필요하다는 것이다. 안 박사는 "지나친 감사와 문책 등으로 ADD나 방위산업체의 연구원들이 자율성이 전혀 없었어요"라고 우려했다.

'기술 자립'의 경제학

기술 자립이 중요한 이유는 아주 현실적인 문제 때문이다. 방위산업에서 핵심 부품을 국산화하지 못하면 핵심 부품을 만든 나라나 기업의 허가를 받아야 우리 실정에 맞게 고치거나 개량이 가능하다. 수출할 때도 허가를 받아야 한다. 하지만 기술 소유권을 갖고 있는 외국 정부나 기업은 "만들지 말고 우리 걸 사라"고 요구한다. 수출은 당연히 못 하게 한다.

그래서 과거 K방산의 개척자들은 기술 독립을 위해 무던히도 애썼다. 처음에 기술을 배울 때는 비싼 돈을 치르는 것은 물론이고 굴욕적이고 수치스러운 것도 모두 감수해야 했다. 안동만 박사는 이렇게 말한다.

"10년 전부터 K2 전차를 수출하고 K9 자주포가 베스트셀러가 되고 하는 것들 보세요. 최근에 일어난 성취가 아니에요. 다들 10~20년 전부터 미국에서 개발해 준 K-1 전차를 개량했던 K-1A1과 155㎜ 자주포 연구를 통해 닦아놓은 선배들의 기여가 있었던 거죠. 개척자들이 확보해둔 국산화 기술이 토대가 되어 지금의 K방산 수출이 가능해졌어요. 비용을 생각하지 않고 앞으로 치고 나가는 게 앞으로 ADD의 역할이 되어야 해요."

1970년대 시작한 ADD의 연구 개발, 그리고 방산업체가 개발 리스크를 지지 않고 생산할 수 있는 이원 구조가 방산 경쟁력의 원동력이라는 게 그의 생각이다. 안 박사는 "지나친 연구 개발 '관리 감독'이 아니라, 과학기술 발전의 효율성을 더 추구해야 할 때"라면서 "이재명 대통령이 말하는 '실패도 용인하는 연구개발 분위기'가 국방 연구 개발에도 더욱 필요한 시기"라고 했다.

장갑차 'K200' 특징

개발	1984년 완료
첫 수출	1993년 말레이시아
탑승 인원	12명(승무원 3명+보병 9명)
최고 시속	70km 시속 6km로 수상 운행 가능

※사양은 성능 개량형 'K200A1' 기준

| 3장 |

독자 개발 꿈이 낳은 'K장갑차'
K200

김계환
전 대우중공업 엔지니어
현 원진엠앤티 기술고문

한국형 장갑차 'K200' 개발은 도전의 연속이었다. 경험도, 기술도 부족했지만 수많은 시행착오를 거쳐 첫 독자 장갑차를 완성해냈다. 1984년 국군의 날에 성공적으로 공개된 K200은 이후 다양한 계열 차량으로 확장됐고, 말레이시아 수출과 전쟁터 AS 파견을 통해 해외에서도 신뢰를 얻었다. K200 개발은 한국이 스스로 무기 체계를 만들 수 있다는 자신감을 심어준 결정적 순간이었다.

◎　1981년 6월, 대우중공업 사내에는 '한국형 장갑차 개발을 위한 인원을 모집한다'는 소문이 나돌았다. '방위산업'이라는 개념조차 생소하고, 기동 장비를 개발해본 경험도 전무했던 때다. 각 분야에 조금이라도 관련 있는 경험자면 "같이 해 보자"는 제안을 받았다. 그렇게 엔진사업본부에서 근무하던 직원들을 중심으로 중기사업본부에서 일하던 직원 2~3명 등 곳곳에서 사람들이 모여들었다. 당시 동력장치팀, 동체장치팀, 현수장치팀, 부품개발팀 등 모든 팀의 팀장급이 7~8년차에 불과했을 정도로 젊은 조직이었다.

대우중공업 입사 4년차 직원 김계환도 당시 합류한 초기 팀원 20여 명 중 한 명이었다. 대학에서 정밀기계공학을 전공한 그는 입사 후 공작기계사업본부, 중기사업본부 등에서 일하다 후에 'K200'으로 명명된 한국형 장갑차 개발팀에 발을 들였다. "새로운 조직에 가면 내가 할 수 있는 역할이 좀 더 많아질 것 같다"는 단순한 이유로 선택한 그 길이 평생의 업業이 됐다. 그는 이후 K200 개발부터 'K281'81mm 박격포 탑재 장갑차, 'K216'화생방정찰장갑차 등으로 이어지는 계열 차량 개발까지 K200과 함께했고, 단거리 방공 무기 체계 '비호'와 '천마'의 탑재 차량, 보병전투장갑차 'K21' 개발에도 힘을 보탰다.

그는 대우중공업이 두산그룹에 인수되고 두산DST로 사명이 바뀐 뒤에도 회사에 남았다. 2011년 퇴직 후 현재는 한화에어로스페이스 협력사인 원진엠앤티에서 기술고문으로 일하고 있다. 2016년, 한화그룹이 두산DST를 인수했으니 사실상 40년 넘게 대우중공업의 역사와 함께 하고 있는 셈이다.

2024년 10월 경남 창원의 한 카페에서 만난 김계환 고문은 K200 개발 당시 동료들과 찍었던 사진을 여러 장 들고 나타났다. 사진 속 앳된 얼굴들은

진지하게 토의하고 있기도 했고, 화면 너머를 보며 활짝 웃고 있기도 했다. 김 고문은 "당시 우리가 국방과학연구소ADD와 함께 국내 자체 개발을 시도하고 시행착오 끝에 결국 성공해 낸 게 오늘날 K방산의 밑거름이 됐다고 믿는다"고 했다.

K200의 시작

한국형 장갑차 개발 사업은 '자주국방'을 목표로 1981년 본격적으로 닻을 올렸다. 김계환 고문이 근무하던 대우중공업이 K200과 인연을 맺게 된 것은 이전에 따낸 M113 미군 장갑차 개조 및 정비 사업 영향이 컸다. 당시 대우중공업은 미국 텍사스주에 있는 미군 정비창에 직원들을 파견 보냈는데, 약 50명의 직원이 알루미늄 용접 기술을 배웠고 장갑차의 분해·조립 과정도 익혀 왔다.

또 대우중공업에는 장갑차의 핵심 부품인 엔진 제조공장이 있었고, 중기사업본부에선 장갑차와 비슷한 형태의 현수 장치를 쓰는 굴착기도 생산 중이었다. 이런 경험을 높이 산 정부는 K200 장갑차의 기본 설계는 ADD가 담당하되, 상세설계는 시제 업체인 대우중공업에 분담해 맡겼다.

1981년 6월 본격적으로 가동된 대우중공업 내 K200 개발 조직에서 김 고문은 동력장치팀에 배치됐다. 엔진과 변속기, 냉각 장치, 조향 장치, 제동 장치 등 K200의 '심장'을 책임지는 팀이었다.

군의 요구사항을 맞추기 위해 엔진과 변속기를 어떻게 결합할 것인지, 엔진을 어떻게 조립하고 장착할 것인지, 종감속기를 어떻게 설계할 것인지, 동력을 전달하는 과정에서 발생하는 진동과 열을 어떻게 처리할 것인지……. 동력 체계 세부 설계를 놓고 개발자 사이의 토론이 계속됐다. 야근은 일상이었다. 김 고문은 말했다.

"그때는 (정부에서 정한) 밤 12시 통금 시간이 있었는데, 딱 지하철이 끊기기 직전까지 일하는 게 당연했습니다."

동력장치팀은 개발을 시작한지 1여년 만인 1982년 가을, 두 개의 시제품을 내놓았다. 차량 동체는 모두 국내에서 설계한 것이었지만 동력 체계는 완전히 달랐다. '1형' 1호차은 미국제 엔진과 변속기, 독일제 차동장치를 써서 M113 장갑차와 거의 유사하게 만들었다. 반면 '2형' 2호차은 대우중공업이 만든 국산 엔진에 영국제 변속기를 사용한 것이었다. 1형은 미국형, 2형은 한국형이었던 셈이다.

당시 국방부는 국산 엔진에 대한 불신이 커서 엔진과 변속기 모두 미국 제품을 쓰길 원했다. 하지만 개발팀 차원에서 일단 두 가지 시제품을 만들어 보고 나중에 결정하자고 윗선을 설득했다고 한다. 엔진까지 미국제를 쓰면 M113의 복사판에 그친다고 생각한 것이다. 김 고문은 "그대로 만들면 나중에 미국에서 '우리 걸 베꼈다'며 시비를 걸 수 있다는 우려가 컸기 때문에 우리 모두 한마음으로 2형을 밀어 붙였다"고 말했다.

2형 설계 당시 엔진은 대우중공업에서 만들던 것이었기에 크게 어려울 게 없었다. 문제는 대우 엔진에 맞는 변속기를 구하는 일이었다. 군사 잡지를 뒤져가며 세계 유수의 변속기 제조업체 여러 곳에 연락했지만 긍정적인 회신이 오는 일이 드물었다.

당시 세계적으로 유명한 변속기 업체는 모두 3곳이었다. 미국의 디트로이트디젤앨리슨DDA, 독일의 ZF프리드리히샤펜AG제트에프, 그리고 역시 독일 회사인 RANK랭크였다. 이 가운데 제트에프와 랭크에는 우리 개발팀이 원하는 크기의 변속기가 없었다. DDA는 시큰둥한 태도였다. 김 고문은 "사업 책임자들이 미국 DDA에 방문해 장갑차용 변속기를 구매하겠다고 했는데 '한국이 무슨 장갑차를 만드느냐, 팔지 않겠다'며 문전박대당했다"고 했다. 한국이 장갑차를 만들 수 있을 것이란 믿음이 없었던 것이다.

우여곡절 끝에 찾은 게 영국의 SCG사였다. 영국 스콜피온 장갑차에 들어가는 변속기를 만들던 곳이었다. 당시 대우 엔진의 출력은 280마력, SCG가 만들던 변속기의 출력은 270마력으로 다소 차이가 있었다. 100% 만족스러운 선택은 아니었지만 대안이 없었다. 개발팀은 SCG사 제품으로 결정하고 개발에 돌입했다.

1982년 9월, 시제품 1형 완성, 같은 해 11월 시제품 2형을 완성한 후 길고 긴 시험평가가 시작됐다. 1형은 미국제 동력 체계를 사용한 덕에 시험평가 때 큰 문제가 없었다. 이미 미국에서 몇 만 대 생산해서 사용하던 부품이었으니 문제가 발생할 가능성이 낮았던 것이다. 반면 우리가 처음으로 만들어본 2형은 달랐다. 기동 성능은 나쁘지 않았지만 운전 시 변속 때마다 다소 심한 충격이 일어났다. 고장도 잦았다. 시험을 위해 이동하는 중에 도로 한복판에서 차가 서버리는 일도 있었다. 퇴근 시간대에 수 시간 동안 교통 체증이 일어나 개발팀 모두 진땀을 흘려야 했다.

우리 기술의 꿈

K200은 1984년 10월, 국군의 날 행사에서 대중 앞에 첫선을 보였다. 이날 1형과 2형 시제품을 놓고 우리 군이 선택한 것은 결국 2형이었다. 3년여에 걸친 개발 기간 동안 운용에 문제가 없을 정도로 성능을 끌어올렸기 때문이다.

하지만, 막상 2형을 선보이기로 결정한 후에도 국군의 날 행사 준비가 마냥

평탄하지만은 않았다. 창원 공장에서 만들어진 장갑차 16대가 서울 여의도에 도착한 것이 그해 9월. 이후 한 달의 연습 기간 동안 이상 현상이 자꾸 생겼다. 한 바퀴를 잘 돌고는 갑자기 광장 한복판에 멈춰서기도 했다.

이런 일이 반복되자 모두 신경이 날카로워지기 시작했다. 정비팀이 밤새 수리를 해 오전에 다시 연습을 하는 일이 반복됐다. 이를 지켜보던 군에선 "시험 주행을 16대에서 8대로 줄이자"는 제안까지 했다. 고장 나지 않는 확실한 8대만 가지고 행진을 하자는 것이었다.

그러나 대우중공업을 비롯한 개발팀의 생각은 달랐다. 당시 대우중공업 책임자는 "'국군의 날' 행사에 16대를 갖고 왔다가 반밖에 안 나왔다고 알려지면 나중에 누가 우리 무기를 사 주겠냐"라고 주장하며 16대 행진을 그대로 밀어붙였다. 어찌 보면 K200의 명운을 걸고 도박을 한 셈이었.

정비팀이 추석 연휴까지 반납해가며 장갑차 정비에 24시간을 바친 덕분이었을까. 다행히 K200은 국군의 날 행사가 끝날 때까지 단 한 번도 정지하고 않고 무사히 행진을 마쳤다. 행진을 지켜보던 시민들이 박수갈채를 보냈다.

이날 K200 행사가 끝난 후 M113 제조사인 미국 FMC의 고위 관계자가 "K200이 M113을 베꼈다"며 대우중공업을 찾아왔었다. 그는 "지식재산권을 침해했으니 소송하겠다"고 항의했다.

대우중공업은 곧바로 그와 함께 당시 K200을 생산 중이던 창원 공장으로 내려가 장갑차 내부를 뜯어 보여줬다. 차량 내부를 확인한 그는 자기가 오해했다며 정중하게 사과를 하고 돌아갔다. 김계환 고문은 "대우 엔진에 영국제 변속기를 썼으니 핵심 동력장치부터 달랐고, 이를 보고 '카피'라고 주장할 수는 없었던 것"이라고 했다. 그렇게 무사히 카피 소송 위험을 벗어

난 K200은 그해 겨울부터 우리 군에 납품되기 시작했다.

K200의 사업명은 다산의 상징인 두꺼비다. 그 명칭 그대로 독자 기술을 확보한 K200 장갑차는 이후 발칸탑재장갑차, 박격포탑재장갑차, 구난장갑차, 화생방정찰차, 지휘용 장갑차, 발연장갑차, 120㎜ 자주박격포 등 다양한 계열화 차량으로 재탄생했다. 계열화 차량은 기본 차체는 동일하되 지휘, 화생방, 구난, 대공 등 다양한 목적에 따라 특화시킨 파생 차량을 뜻한다. 김 고문은 말했다.

"만약 우리 장갑차를 외국 방산 업체와 기술 제휴 방식으로 만들었다면 계열화 차량을 만들 때마다 하나하나 허가를 받아야 했을 겁니다. 손쉬운 복제 대신 독자 개발을 택했기 때문에 K200을 기반으로 다양한 차량을 만들 수 있었던 것입니다."

달라진 위상

1984년 처음 세상에 나온 K200은 완벽하다고 할 수는 없었다. 실제 운용을 시작한 후, 군으로부터도 적잖은 불만이 들어왔다. 김계환 고문은 "장갑차를 군에 납품하고 정비관을 모아서 교육을 할 때면 '차가 이렇게 정비가 잦아서 되겠습니까?' 하는 호된 질책이 들어왔다"고 회상했다. "방산 불모지에서 시작하느라 우리 기술력이 모자랐다"는 핑계를 언제까지 댈 수도 없었다. 대책이 필요하다고 느낀 대우중공업은 1987년부터 성능 개량을 준비하기 시작했고, 이 사업은 1994년 마무리되었다.

당시 개발팀은 차량 엔진 출력을 350마력으로 높이고 완전자동변속기도 탑재하기로 목표를 정했다. 첫 개발 당시 엔진과 완벽하게 맞지 않았던 영국제 변속기 때문에 고생했으니, 이번엔 100% 들어맞는 변속기를 찾는 게 중요했다.

개발팀은 첫 개발 때처럼 미국 앨리슨옛 DDA과 독일 제트에프, 랭크에 차례로 연락했다. 세 업체 중 대우가 원했던 성능의 변속기를 갖추고 있던 것은 제트에프와 앨리슨 두 곳. 개발팀은 두 업체의 변속기를 모두 가져와 성능개량 차량을 각각 만든 후 비교 시험했다. 최종적으로 앨리슨의 변속기가 채택되었다.

김 고문은 이 과정을 회상하며 당시 약 10년 만에 달라진 K방산의 위상을 언급했다. 앨리슨은 1981년 대우중공업 개발팀이 첫 접촉했을 때 "한국이 무슨 장갑차를 만드느냐"고 문전박대했던 바로 그 업체였다. 그런데 10년 후 성능개량용 변속기를 찾기 위해 접촉하자 우리 개발팀의 요청을 대부분 수용했다.

당시 개발팀은 변속기를 "개발용 가격 대신 양산용 가격으로 달라"고 요청했다. 보통 시제품용으로 제품을 한두 개만 사 오면 양산 가격보다 적게는 3배에서 많게는 10배까지 비싸기에 초기 비용 부담을 낮추기 위한 것이었다. 앨리슨은 이 제안을 흔쾌히 받아들였고, 우리 엔진과의 매칭을 위한 개조 비용도 부담했다. 이후 우리가 앨리슨 변속기를 최종 낙점한 후엔 곧바로 자사 엔지니어를 한국으로 파견해 성능개량 사업을 도왔다. 이런 협조는 10년 전이었다면 상상도 못할 일이었다.

전쟁터 한복판의 AS

1993년 11월 3일, 경남 마산항. 화물선 '다이아몬드 하이웨이'에 유엔UN 표지를 단 장갑차 42대가 줄지어 실렸다. 석 달 전 말레이시아는 보스니아 내전에 평화유지군을 보내려 한국산 장갑차 K200을 구매하기로 결정했

K200 장갑차를 기반으로 한 '120mm 자주박격포'가 생산라인에서 조립되고 있다.

다. 이 계약의 1차 선적 물량이 배에 실려 떠날 준비를 마친 것이다. 이날 화물선이 고동 소리를 우렁차게 울리며 말레이시아 클랑항으로 출항하자 사방에서 오색 테이프가 흩날리며 박수 소리가 터져 나왔다. K방산이 처음으로 국산 기동 장비를 수출하는 순간이었다. 이날을 기점으로 2년간 총 111대가 말레이시아로 향했다.

처음 말레이시아 수출 논의가 시작된 것은 1991년이었다. 당시 한국을 방

문한 말레이시아 국방장관은 대우중공업 창원 공장에서 K200 생산 라인을 둘러보고, 장갑차 주행 시험과 수상 주행 시험도 관람했다. 당시 그는 "바로 이것이오. 내가 사고 싶었던 장갑차가 바로 이것이오!"라고 외쳤다고 한다. 이어 말레이시아와의 수출 논의가 이어졌고, 약 2년 후 말레이시아 정부는 보스니아 평화유지군 파병을 위해 장갑차 긴급 구매를 결정했다.

이후 절차는 숨 가쁘게 진행됐다. 말레이시아는 "당장 장갑차를 전쟁터로 보내야 하니 한두 달 내로 받게 해달라"고 요구했다. 당장 그만큼의 물량 생산이 어려웠던 대우중공업은 우리 군에 납품할 예정이었던 K200을 우선 말레이시아로 보내기로 결정했다. 대우중공업뿐 아니라 정부의 지원이 있었던 덕분에 첫 수출이 이뤄질 수 있었던 셈이다. 대우중공업은 이 기본형 장갑차를 말레이시아가 원하던 지휘용, 의료용 등 6가지 용도로 바꾸는 기민함도 보여줬다.

대우중공업이 보스니아 주둔지에 3차례에 걸쳐 애프터서비스AS 팀을 파견한 것도 유명한 일화다. 보통 무기를 판매할 때는 실전 투입 전 업체에서 미리 해당 군부대 인원을 교육하는 게 일반적이다. 그래서 실제 전쟁터까지 업체 직원이 따라가는 경우는 없다고 한다. 하지만 워낙 급하게 수출이 이뤄진 데다 장갑차를 100% 가동해 성능을 제대로 보여줘야 한다는 생각에 대우중공업은 수출 이듬해 곧바로 사전정비 개념으로 AS팀 파견을 결정했다.

1994년 1월에 3명, 5월에 4명, 11월에 4명 등 총 11명의 직원이 전장의 위험을 무릅쓰고 보스니아로 떠났다. 이들은 한 달가량씩 주둔지에 머물며 장비를 점검하고, 조종수의 운전 미숙 등으로 파손된 부품을 수리했다. 같은 문제가 생기지 않도록 말레이시아 군을 상대로 야전교육도 병행했다. 당시 신문에는 이들의 활약상이 고스란히 기록돼 있다.

> 대우중공업의 장갑차 서비스 요원 3명이 국산 장갑차의 애프터 서비스를 위해 최근 한달여 동안 보스니아 전쟁터를 누볐던 것으로 밝혀져 화제.
>
> _조선일보, 1994.04.01

김계환 고문은 "내가 직접 다녀온 건 아니지만 당시에도 워낙 이례적인 일이라 방송국에서 파견 다녀온 직원들을 인터뷰했던 것이 기억난다"고 말했다. 그는 "이후 '한국은 전쟁터에도 AS팀을 보내준다'는 소문이 나서 수출 세일즈 현장에 갈 때마다 얘기가 나왔다"며 "두려움을 뚫고 전쟁터 한복판으로 향한 동료들 모두 지금도 자긍심을 느낀다"고 말했다.

K200 개발은 K방산의 기초 체력을 다지는 과정이었다. 기술력이 사실상 전무하던 시기에, 미국 장갑차 M113을 따라하는 손쉬운 길을 놔두고 독자 개발이라는 목표를 선택한 까닭에 개발팀은 자주 난관에 부딪혔고, 수십 번의 실패를 거듭했고, 공장에서 수많은 밤샘을 이어갔다. 그런 실패를 거듭하며 K방산은 한 계단, 한 계단 발을 디디며 올라갔다.

K200 개발을 통해 대우그룹은 방산 업체로 도약했고, 국방과학연구소는 무기 체계 통합SI 능력을 기를 수 있었고, 1981년 발족한 국방기술품질원기품원은 품질 검사 역량을 쌓으며 성장했다. 김 고문은 말했다.

"K200을 자체 개발한 자신감으로 이후 자주대공포, 단거리자주대공미사일, 자주포 등 다른 무기 개발에도 도전할 수 있었습니다. 이런 과감한 국산 개발 의지와 투자가 없었다면 지금의 K방산은 없었을 것입니다."

PART 2.

세계 속
K방산을 만든 사람들

2010년대까지만 해도 한국 방산 기업의 주요 고객은 우리 군이었다. 하지만 러시아의 우크라이나 침공 등으로 글로벌 안보 환경이 빠르게 변하고, 이에 맞춰 우리 기업이 적극적으로 해외 시장을 공략하면서 상황이 바뀌고 있다. 중동, 동남아, 유럽, 남미, 아프리카 등 세계 곳곳에서 K방산을 앞다투어 찾으면서 주요 방산 업체는 이미 4~5년 치 일감을 쌓아놓은 상태다. 방산이 '자주국방'을 넘어 한국의 대표 수출산업으로 도약하고 있는 것이다. K방산은 어떻게 해외 시장에서 경쟁력을 확보할 수 있었을까. 세계에서 통하는 무기를 만든 사람들을 만났다.

K2 전차 주요 성능

무게·엔진	55t(톤)·1500마력 디젤 엔진
최고 속력	시속 70km
수심	최대 4.1m에서도 활동
주포 사정거리	최대 2.5km
특징	다른 전차와 실시간 디지털 통신 기능

| 4장 |

K방산 수출 신화가 시작되다
K2 전차

김의환
현대로템 고문

2022년 폴란드가 우리 돈으로 약 4조 5000억 원어치 K2 전차 180대를 사기로 계약했다. 2025년 현재 세계 시장에서 두각을 나타내는 'K방산'이란 말이 나오게 된 계기 중 하나라 해도 과언이 아니다. 하지만 K2 전차 개발까지 우리 방위산업이 경험한 30년 이상의 시간은 결코 녹록하지 않았다.

⊕   보통 일상에서 탱크라고 부르는 전차는 지상전의 꽃이다. 탄탄한 장갑을 장착한 채 최전선에서 50t이 넘는 육중한 몸집을 앞세워 달리며 2.5㎞ 밖까지 대포를 쏘아댄다. 보병들이 감히 범접할 수 없는 전장의 돌격대장이자 지상군의 핵심 전력이다. 제1차 세계대전 당시 영국은 전차를 코드명으로 '탱크'Tank라고 불렀는데, 그게 오늘날 일반명사처럼 전차를 가리키는 말로 사용되고 있다는 설이 전해진다.

우리도 고유 기술로 만든 전차를 당당하게 보유한 나라다. '흑표'라 불리는 K2 전차가 그것이다. 국방과학연구소ADD가 2008년 개발을 마쳤고 K방산이 본격적인 지식재산권 사용료로열티를 받고 수출한 첫 제품이기도 하다. 55t에 달하는 차체가 험지에서 최고 시속 50㎞, 평지에서 시속 70㎞로 달리고, 2.5㎞ 밖의 표적을 쏠 수 있다.

전세계에서 전차를 고유 기술로 개발할 수 있는 나라는 10여 개국에 불과하다. 해외에서 인정받아 수출까지 하는 나라는 우리나라와 미국·독일·프랑스 등 5~6곳에 불과하다.

K2 전차는 지난 2008년 튀르키예가 4억 달러에 기술을 사갔다. 2025년 7월에는 폴란드가 K2 전차 총 180대를 67억 달러약 9조 원에 사가기로 하는 2차 계약이 성사됐다. 앞서 2022년 1차 계약 때도 180대에 4조 5000억 원 규모의 계약이 이뤄졌다. 2차 계약의 경우 폴란드 현지 생산을 위한 기술 지원료까지 포함돼 규모가 더 커졌다. 수출 규모만 보면 지금의 K방산 성장세를 최전선에서 이끈 게 K2 전차라고 해도 과언이 아니다.

전차 수출로 성과를 내기까지 K방산은 30년 이상을 묵묵히 인내했다. 2024년 10월, 서울 광화문에서 'K2의 아버지' 김의환 박사를 만나 그 과정을 들어봤다. ADD 전차개발 단장을 역임하는 등 30년 넘게 ADD에서 일

했고, 현재 K2 생산과 정비, 수출을 도맡은 현대로템의 고문이다.

인천 제물포고를 졸업하고 서울대 공대를 나온 그는 미국 매사추세츠공대 MIT에서 재료공학 박사학위를 취득했다. 국내외 기업 등에서 스카우트 제의도 있었지만 "공학자로서 세상에 없는 것을 만들고 국가에도 기여하는 일을 하고 싶었다"고 했다. 그런 사명감으로 30대 중반부터 20년 넘게 국산 전차 개발에만 몰두했다.

'공학적 창조'에 매료되다

김의환 박사가 방위산업에 매료된 데는 두 번의 결정적인 계기가 있었다. 하나는 서울대 공대 시절에 들었던 강연이었다. 20대의 그는, 대학을 졸업하고 직장에 취직해 월급 받고 아이 키우면서 사는 평범한 삶만이 자신 앞에 놓여 있을 것이라 생각했다. 하지만 학교에서 열린 초청 강연에 왔던 소설가가 "공학을 통해 세상에 없던 것을 창조하면 사람들을 위한 실용적인 변화를 만들 수 있다"고 하며 '공학적 창조'란 말을 한 것이 그의 마음에 콕 박혔다.

이 단어를 마음에 품고 있던 그는 ADD에 들어가게 되었다. 처음에는 병역 특례를 받으려는 목적이었다. 입소가 결정되고 받은 신분증에는 사진도, 소속 기관 이름도 없이, '김의환' 이름 석 자와 개인 고유번호가 전부였다. 어떤 회사 다니느냐는 질문을 받으면 '홍릉 기계'라고 주변에 말해야 했다. 어머니께서도 "농업 기계 만드는 데니?"라고 하실 정도였다.

첨예한 남북 관계 속 군사 관련 일은 대부분이 비밀이던 때였다. 입소가 결정되고 오리엔테이션을 갔는데 주된 교육 내용이 "주변 사람이 뭘 하는지 물어보지도 말고, 알려고 하지도 말라"는 것이었다고 한다. 방산과 그의 인

연은 그렇게 시작됐다.

처음 맡은 업무는 장갑차 연구였다. 당시는 이탈리아에서 도입해 온 장갑차를 국내에서 조립 생산하고 있었는데, 그 장갑차의 품질을 검증하는 작업을 했다. 그리고 1년쯤 뒤 이 경험을 바탕으로 국내 독자 기술로 처음 만든 K200 장갑차 개발 사업에도 참여하게 됐다.

한창 방산에 재미를 붙이던 그에게 1984년 미국 매사추세츠공대MIT에서 박사 과정을 밟을 수 있는 유학의 기회가 찾아왔다. ADD 지원을 받는 대신, 학위 후 복귀해 일하는 게 조건이었다.

당시 김 박사의 ADD 상관은 고민하던 그에게 "ADD 지원을 받아서 일단 가고, 나중에 정 싫으면 복귀 안 하면 그만 아니겠냐. 일단 가 봐라"며 그의 등을 떠밀었다.

방산 연구로 돌아오지 않을 수도 있었다. MIT 생활이 끝나고 일본 도쿄대와 미국의 한 연구소에서 파격적인 제안을 했다. 그는 "일본이나 미국에서 일하면 논문도 여럿 써가면서 그냥 그럭저럭 행복하고 잘할 것 같긴 했어요. 그런데 한편으로 '내가 무슨 목표를 위해서 일하지?'라는 생각이 들었다"고 한다.

아내의 말도 마음을 크게 움직였다.

"와이프가 유학 가기 전에도 '그냥 회사 다니면서 밤새 안 들어오고 하면 진작 이혼했거나 다 때려치우라고 말할 텐데, 나라 위해 일한다고 하니 자기가 그냥 참는다'라고 말했거든요."

그렇게 말하며 그는 멋쩍어했다. 그리고 MIT에서 귀국한 이후 본격적으로 전차 개발의 인생 2막이 시작되었다.

대한민국 전차의 꿈이 시작되다

전차는 우리 군의 꿈이었다. 6.25전쟁 때부터 시작된 목표였다. 6.25전쟁이 발발했을 때 북한은 소련제 T-34 전차를 앞세워 거침없이 남하했다. 대한민국에는 이들을 막을 전차는커녕 방어할 무기도 없었다. 수많은 보병의 목숨을 담보로 전차로 달려가 수류탄이나 화염병을 전차 안으로 던져 넣는 게 고작이었다.

6.25전쟁 이후 미군은 전쟁의 경험을 바탕으로 개량한 'M48 패튼 전차'를 한국에 배치해줬다. 하지만 1970년대 정세는 우리 고유 전차에 대한 필요성을 더욱 키웠다. "미국이 세계 각국의 방위에 더 이상 책임을 지지 않는다"는 취지의 닉슨 독트린, 그리고 그 일부가 실현된 주한 미군 철수 등을 경험하면서 우리 정부는 생존의 위협을 느꼈고, 전차 전략을 강화해야 한다는 인식이 커졌다.

정부는 두 갈래 전략을 폈다.

우선 M48 전차를 기반으로 한 새 전차 개발을 시작했다. 1976년, 국방부가 당시 현대조선중공업을 1급 방산 업체로 지정한 후 M48 전차 개조 사업을 시작했고, 이 회사는 창원에 자회사 현대차량_{이후 현대정공을 거쳐 현대로템이 된다}을 만들어 1978년 전차 개량 사업을 시작했다. 창원에 공장을 세워 그해 4월 박정희 대통령이 보는 가운데 전차 성능 시험이 시작됐다.

동시에 한국형 전차 개발도 시작했다. 1978년 미국 크라이슬러 디펜스와 업무 협약을 맺고 패튼 전차의 후속인 M1 전차 기술을 받아오기로 했다. 계약의 전반적인 내용은 기술 전수였지만 총 6000만 달러를 주고 설계와 테스트를 모두 미국에서 하고, 이를 바탕으로 한국에서 전차를 생산하는 구조였다. 김의환 박사는 "사실상 설계, 테스트는 자기들이 싹 다 하고 우리는 그대로 만들기만 하라는 것이었죠"라고 고개를 내저었다.

이것은 훗날 K1 전차의 토대가 되었다. 1988년 서울 올림픽에 맞춰 기술을 세계에 선보였다는 의미에서 '88전차'라는 별명으로 더 잘 알려져 있다.

무기 개발은 보통 개념 연구, 선행 개발, 시제품 개발, 양산 순으로 이어진다. K1의 경우 미국 제너럴 다이내믹스처음 계약한 크라이슬러 디펜스가 합병됨가 자기 회사의 시험실과 장비 등으로 테스트까지 마친 후 우리한테 설계도를 주며 시제품을 만드는 법을 알려주는 식으로 이뤄졌다.

"사실상 미국이 알려준 것은 레벨1 수준이었어요. 종합적인 조립 수준이었죠. 핵심 기술은 안 가르쳐준 거예요. 왜냐하면 그 뒤 단계가 전부 비즈니스니까요. 부품 팔아줄게, 공장 지어줄게 등이 이어질 게 분명한 상황이었어요."

하지만 K1 설계, 테스트 단계에 ADD와 현대로템의 우리 기술진이 참여할 수 있었던 것만큼은 큰 성과였다. 김 박사는 여기에 대해 이렇게 말했다.

"우리 선배들도 돈 주고 기술을 사다 쓰면 다음이 뻔하다고 생각했던 것 같아요. 그다음부터는 끌려다니는 건데, 그렇게 하지 않겠다고 미국에다 '우린 독일로 간다'고 일단 결정을 한 거죠. 그러니 결국 미국도 물러선 거고요. 남이 만들어 주는 걸 사서 쓰는 게 아니라 우리 기술로 해내고 싶다는 열망이 있었던 거예요."

이어 그는 이렇게 덧붙였다.

"ADD에 가면 입구의 비석에 '국방의 초석'이라고 적혀 있어요. 자주 국방을 해야 한다. 박정희 대통령 때 세웠던 대부분의 계획 핵심은 모두 자주였어요. 다른 게 없는 거죠. 이스라엘도 그랬어요. 세계 최고 전차 중 하나로 꼽히는 메르카바 전차를 개발해 자체적으로 써요. 그 전차를 개발한 탈 장군을 만난 적이 있어요. '전차를 사서 쓰지 않고 굳이 개발하셨어요?'라고 물어보니 그분이 그래요. '1960~1970년대 영국 전차를 많이 썼는데, 당시 아랍 국가들과 전쟁이 본격화하자 지원을 딱 끊어버렸다.' 그래서 다른 나라를 믿고 있다가는 망하겠다는 생각이 들었대요. 우리 리더(박정희 대통령)도 그런 생각이 굳건하셨던 거죠."

이어 그는 말했다.

"'자주국방'이라는 말 많이 들어보셨죠? 그냥 국방이라고는 잘 하지 않잖아요. 일반 시민들도 자주 국방이라고 붙여서 말하는 게 자연스러울 정도죠. 그렇게 말할 정도로 우리가 남에게 의존하지 말자는 인식이 컸던 거예요. 국회도 오랜 기간 ADD나 군에 대해 예산 등으로 힘들게 하지만, 그래도 국방에 있어서는 우리 스스로 하자는 인식이 있어요. 그게 지금 K방산을 만든 우리의 DNA 같아요. 박정희 대통령께서 정말 명확하게 만들어두셨죠."

K1 업그레이드를 맡으며 느낀 기술 자립의 가치

1989년에는 88전차 'K1'을 업그레이드하는 사업이 시작되었다. 김의환 박사의 K2 전차 개발기가 본격적으로 시작된 것이다. MIT에서 돌아와 ADD 전차체계실장을 맡으면서 작업에 들어갔다. 당시 북한이 125㎜ 활강포를 탑재한 당시 세계 최고 수준인 소련의 T-72 전차를 들여왔다는 소문이 돌면서, 우리 군도 K1의 성능을 향상시켜야 할 필요성을 느끼게 되었다. 김박사는 이렇게 말했다.

"당시 K1 전차는 105㎜포를 썼는데, 더 위력이 강한 포로 바꿔야 한다는 얘기가 많았어요. 전장에서는 전차끼리의 승부가 중요한데, T-72랑 일 대

위 김의환 박사가 2005년 K2 전차 시제품 XK2가 성공할수 있길 기원하면서 행사에 참여한 모습.

일로 붙으면 상대가 안 될 것 같았거든요. 그런데 전차에서 포는 단순히 갈아 끼우면 되는 게 아니에요. 전체 무게도 달라지고, 무게 중심도 달라지면서 전체 배치나 시스템 전반이 다 달라져요."

이런 전반적인 작업을 총괄하면서 김 박사와 동료들은 전차 제작 전체 시스템을 더 공부하게 됐다. 미국에서 배워 온 전차 제작 기술이 K방산에 스며드는 과정이었다는 것이다. 김 박사는 이 과정에서 전차체계실장으로서 전차 개발의 밑그림을 그리게 되었다고 했다.

이 일은 그가 기술 자립의 중요성을 한층 뼈저리게 느끼는 계기가 되었다. 미국 기술에 의존한 이유로 한국에 맞게 독자적으로 조금만 전차를 개량하려 할 때마다 일일이 미국의 허락을 받아야 했던 것이다. 그는 방산 시장의 냉정한 현실에 대해 이렇게 말했다.

"우리나라에서 지금 독자 생산하는 무기 체계를 살펴보시면 어느 단계에선가 반드시 외부 기술을 이전한 단계가 있습니다. 하지만 기술을 공짜로 줬겠어요? 다들 대가를 원하고, 냉정한 계산이 들어 있는 거죠. 반대로 K방산이 해외로 나가는 요즘 대한민국은 친절하겠습니까? 우리도 다른 나라에 무기 팔고 기술 알려주면서 똑같이 하고 있을 겁니다."

이어 그는 덧붙였다.

"저도 그렇고 선배들도 별별 일을 다 했어요. 미국에서 기술 배워오면서 공장을 보여주면 걸음 수로 크기도 재보고, 부품 같은 건 손으로 몇 뼘인지 대략 기억해 가면서 뭐 하나라도 놓치지 않으려고 열심히 컨닝했어요. 다 말할 순 없지만 생존의 문제라고 생각했기 때문에 수단 방법을 가리지 않았던 거죠."

하지만 결코 부끄럽지 않다. 김 박사는 "최근 우리에게서 무기를 사가는 나라들을 보면 상당수가 우리와 비슷하게 2차 세계대전이 끝나면서 독립했는데, 우리와 달리 아직까지 외부에 무기를 의존하는 상황인 곳이 대부분이에요. 기술을 확보해야 한다는 열망이 없었다면 우리 역시 비슷했을 것입니다"라고 했다. 그리고 그는 "그 나라들처럼 외부에서 무기를 사다 쓰거나 기술을 사가서 자국 내 생산을 한다고 하면 선순환이 안 돼요. 나라 안에 공장을 지어봐야 거기서 만드는 무기의 국내 수요가 채워지면 공장이 놀아야 하거든요. 기술을 사 오다 보니 축적은 일어나지 않죠. 하지만 우리는 거기서 멈추지 않고 전체 개발과 생산을 우리 것으로 만들었거든요. 무기 시스템을 단순히 만드는 게 아니라 스스로 설계하는 힘이 생긴 거예요"라고도 했다.

기술 독립 그 자체였던 K2 전차

K2 개발이 시작될 초기 김의환 박사는 K1 전차 기술을 전수해 준 제너럴 다이내믹스 측 인사를 만났다. 그 사람은 K2 개발 착수에 대해 듣더니 "한국은 아직 그걸 개발할 역량이 안 될 겁니다. 실패할 게 뻔해요. 기술을 더 이전받아야 합니다"라고 했다고 한다. 김 박사는 되받아쳤다.

"실패를 걱정하지 마십시오. 실패해도 우리가 실패합니다. 하지만 실패하지 않을 겁니다."

1995년부터 3년간 전차란 무엇인지 개념부터 연구했다. 연구진은 국내엔 배울 스승도 없어 해외 최고 전문가를 삼고초려해 강의를 듣고, 하나라도 더 배우기 위해 밤낮없이 매달렸다.

K2 개발 이후 ADD 안에서만 이 프로젝트에 관여한 사람이 400명을 웃돌았다. 관련 기업도 직접 ADD가 계약한 곳만 20곳이고, 2~3차 협력사까지

내려가면 100곳에 달한다. 거대한 협업의 결과물이라는 것이다.

김 박사를 비롯한 연구팀은 영국·이스라엘·일본 등에서 전차 전문가 5명을 초청해 매일 8시간씩 5일간 세미나를 열기도 했다. ADD 연구원뿐만 아니라 방산 기업 관계자들도 수십 명이 모여 전차 기술을 배웠다. 김 박사는 "메르카바 전차를 만든 이스라엘 탈 장군 등이 강연을 했는데, 당시 이들의 강연을 녹음한 테이프가 몇 박스가 될 정도였고, 이게 소중한 자료가 됐다"고 말했다.

한국 전차만의 경쟁력을 갖추기 위해 '이용자 중심의 전차'라는 개념도 자체적으로 고안했다. 기업들이 소비자 중심으로 제품을 만드는 요즘 트렌드를 앞서 적용한 셈이다.

김 박사와 연구원들은 국내 10여 곳의 주요 전차 부대를 돌아다니면서 주요 간부들과 인터뷰해 '고객 수요'를 일일이 파악했다. 미래 전투를 수행할 전차에 꼭 필요한 기능이 무엇인지, 한국 전차만의 특징이 무엇이어야 하는지 등을 반영한 것이다. 산악부터 평지까지 다양한 지형이 있는 우리 국토를 감안해, 자동차의 서스펜션을 조절하듯 지형에 맞춰 좌우 높낮이를 조절할 수 있는 기능을 세계 최초로 탑재했다.

무게는 다른 경쟁 전차보다 10t 정도 가벼운 55t으로 줄여 험지에서 최고 시속 50㎞, 평지에서 시속 70㎞로 달릴 수 있는 기동성을 확보했다. 김 박사는 "많은 현역 군인이 앞으로 미래 전투는 IT가 필수라고 말해서 전차 간 무선 디지털 통신이 가능하게 해 가상공간에서 모의 전투를 할 수 있는 기능도 갖췄다"고 했다.

실제 전차를 만드는 과정은 오류와의 싸움이었다. 경쟁력 있는 전차를 만들기 위해 그는 연구원들에게 "오류를 최소 1,000개는 찾을 각오로 꼼꼼하게 테스트를 해야 한다"고 입버릇처럼 강조했다.

4.1m 수심에서 활동하는 전차를 만들기 위해 현대로템 직원들이 탄 전차 객실을 크레인으로 들어 물에 집어넣기도 했다. 어느 날 갑자기 주포가 회전을 하지 않는 일이 생겨 며칠 동안 발을 동동 굴렀는데, 핵심 부품에 물이 차서 생긴 일이라는 걸 뒤늦게 발견한 적도 있었다. 김 박사는 "셀 수 없을 만큼 많은 고비가 있었지만, 당시 우리 고유의 전차를 만들자는 열망이 워낙 강했기 때문에 힘든 순간들을 넘어설 수 있었다"고 했다.

그는 2006년의 어느 날을 잊지 못한다. 처음으로 전차 주포 사격 테스트를 하는 날이었다. 2㎞ 안팎의 먼 거리에 있는 표적을 타격하는 주포는 전차의 핵심 경쟁력이다. 김 박사는 "첫날 주포를 세 발 쐈는데, 과녁 귀퉁이에 20㎝ 간격으로 포탄이 명중한 것을 보고 눈물이 왈칵 쏟아졌다"면서 "비로소 우리가 성공할 수 있겠다는 생각이 드는 순간이었다"고 했다.

2003년쯤부터 국방부, ADD, K2 생산에 관여한 현대로템 등 19개 기업의 임원과 실무진이 '차전회'차기전차회를 만들어 수시로 의견을 교환하고 토론하는 모임을 가졌던 것도 K2 성공의 비결 중 하나다. 군과 민간, 연구소가 하나가 되어 외길을 달려온 것이다.

김 박사는 K2 전차가 폴란드뿐만 아니라 앞으로도 세계 시장을 더 누빌 수 있을 것이라 확신했다. 그는 "최근 노르웨이 수출이 아깝게 실패했지만 노르웨이 군에서 독일 전차보다 K2를 더 높게 평가한 게 고무적"이라면서 "세계 누구와 겨뤄도 당당하게 경쟁할 수 있는 전차 기술을 확보한 만큼 K2 다음 세대의 전차도 결코 뒤지지 않을 것"이라고 했다.

다만 그는 기업의 역할이 점점 더 중요해지고 있다고 강조했다. 김 박사는 말했다.

"정부와 군이 주도하고 기업이 따라가는 형태가 아니라, 기업들이 선제적으로 신기술을 개발하고 군에 제안할 수 있도록 제도적으로 재량권을 부여해야 빠르게 변화하는 방위산업 경쟁에서 앞서갈 수 있습니다."

글로벌 베스트셀러 'K9 자주포'

개발	1998년 개발해 2000년 배치
최대 속력	시속 67km
중량	47t
사격 성능	최대 사거리 49km, 분당 6~8발
탄약 적재량	최대 48발
기타	자동 사격 통제 장치, 열상형 야간 잠망경으로 야간 기동성 향상

| 5장 |

K방산의 대표 베스트셀러
K9 자주포

안병철
한화에어로스페이스 사장

한화에어로스페이스는 2025년 11월 현재, K9을 앞세워 세계 최대 방산 시장인 미국 진출을 노리고 있다. 미 육군의 차세대 자주포로 K9을 공급하려는 것이다. 세계 10개국에서 인정한 품질이 가장 큰 경쟁력이다. K방산의 대표 베스트셀러 K9의 역사에는 K방산이 경쟁력을 갖추게 된 과정이 압축돼 있다.

◎ 한화에어로스페이스의 K9 자주포는 자타가 공인하는 K방산의 대표 베스트셀러. 2025년 1분기 기준, K9은 해외 10개국에 수출됐고 누적 수출액만 15조 원에 육박하고 있다.

이 K9의 탄생과 수출에 중요한 역할을 했으며, 2025년 현재 여전히 현역에서 뛰는 사람이 있다. 2024년 11월에 만난 안병철 한화에어로스페이스 전략총괄 사장은 K9을 앞세워 세계 시장을 공략하고 있는 회사 핵심 임원 중 한 명이다. 1990년대 후반에는 K9 개발에 직접 참여한 막내 엔지니어였다.

그가 몸담은 한화에어로스페이스는 단연 K방산의 대표 기업이다. 2024년 매출 11조 2462억 원, 영업이익 1조 7247억 원으로, 모두 2년 연속 최대 실적을 경신했다. 2025년부터는 자회사 한화오션의 실적이 반영돼 대등한 비교는 어렵지만, 상승세가 이어지는 점은 분명하다. 특히 한화에어로스페이스의 지상 방산 부문 수주 잔고는 2025년 3분기 말 기준 31조 원, 약 4년치 매출에 해당하는 수치로 수출 비율이 약 69%에 달한다. 이쯤 되면 내수를 벗어난 글로벌 방산 기업 면모가 분명하다. 이런 회사를 상징하는 대표적인 무기가 바로 K9 자주포다.

K9 자주포는 현대화된 중형 155㎜ 자주포 시장에서 시장점유율 1위 36%·2024년 말 기준다. 1998년 국방과학연구소ADD와 삼성항공한화에어로스페이스의 전신 등이 함께 개발했다.

자주포自走砲는 이름 그대로 차량 등 다른 기구의 도움 없이 '스스로 이동'自走해 사격할 수 있는 포砲를 뜻한다. 시속 67㎞로 이동할 수 있어 사격 후 병사들이 반격당하지 않게 회피가 수월하다. 약 40㎞ 떨어진 곳에서 적을 타격할 수 있는 성능을 갖췄다. 여름에는 무덥고 겨울에는 추운 한국의 기

위 2025년 'K9 유저 클럽' 행사의 모습. 세계 각국에서 K9 자주포를 쓰는 나라의 군 관계자들은 정기적으로 한자리에 모여 K9 관련 기술 교류를 한다.

후, 산악 지형부터 평지 등 다양한 환경에서도 전천후로 작전을 수행할 수 있게 개발돼 세계 곳곳에서 활용 가능하다.

15초 내에 3발을 발사할 수 있는 것도 장점이다. 선제 타격이 중요한데, K9은 멈춘 상태에서는 30초 만에, 기동 중에는 60초 만에 첫 포탄초탄 발사가 가능하다. 반응 속도가 빠르다는 뜻이다. 여기에 가성비, 빠른 납기와 품질까지 더해지면서 세계 10개 나라의 군이 우리 자주포를 도입했다. 이제 K방산의 성장을 말할 때면 으레 가장 먼저 등장하는 사례 중 하나이기도 하다.

포와의 인연이 시작되다

1968년생으로 인하대학교를 졸업한 안병철 사장은 ROTC를 하면서 파주의 한 포병 부대에 배치됐다가 자주포를 알게 됐다. 막상 본인의 부대는 105㎜짜리 견인포 대대였고, 옆 부대의 주력 무기가 자주포였다.

견인포는 사람이나 차량 등에 연결해 인위적으로 끌어서 이동시켜야 한다. 그래서 옆 부대의 자주포가 그렇게 부러웠다고 한다. 견인포는 포를 쏠 장소로 끌고 간 다음에 사격 때 반동을 대비해 땅에 지지대를 묻어야 하는데, 특히 한겨울에는 얼어붙은 땅을 파는 게 너무나 고역이었다고 했다.

"겨울 훈련 때 가끔 정찰반들이 포가 들어갈 자리에 미리 가서 불을 피워요. 땅을 좀 녹여놓고 나중에 포병들이 와서 지지대를 묻곤 했죠. 빨리빨리 포를 쏘는 게 평가 항목이다 보니 꾀를 쓴 거예요. 그런데 전쟁터에서 언제 그렇게 불을 피워서 땅을 녹여요. 자주포는 그럴 필요가 없어요. 심지어 차 안에 히터도 있고, 그게 엄청 부럽더라고요."

본인에게 앞으로 어떤 미래가 닥칠지 예상조차 못 하던 상황이었지만, 어쨌든 그게 안 사장의 인생에서 처음으로 자주포란 무기가 의미 있게 등장한 순간이었다.

그는 1992년 전역 후 삼성항공에 입사하면서 자주포를 다시 만났다. 입사 후 신입 사원 교육을 받으면서 삼성항공 여러 사업부 견학을 하는데, 어느 날 자주포 만드는 사업장을 가게 됐다. 당시 회사는 이름 자체가 항공이었고, 중심 사업도 항공기 쪽에 쏠려 있었다. 한참 경남 사천에 공장을 지으면서 전투기 KF-16 생산을 준비하던 시기였다. 이 시설은 현재 한국항공우주산업KAI의 전신 중 하나이다.

함께 입사한 30여 명 중 상당수가 항공 분야를 지망할 때 안 사장은 자주포 사업부로 갔다. 막 K9 자주포 개발이 시작될 때였다.

자주포의 필요성

자주포는 '움직이는 대포'라고 보면 된다. 후방에서 적진 깊숙한 곳을 타격해, 보병이나 전차나 장갑차가 진격할 때 그 앞에 있는 표적들을 사전에 제압한다.

하지만 1990년대 초 기준으로 우리 군의 화포는 병사들이 끌고 옮기는 방식이 많았다. 숫자도 적고 적의 공격을 피하기도 어려웠다. 그래서 견인포는 전쟁이 나면 포탄을 쏘다가, 반격을 받으면 장비를 포기하고 후퇴하는 게 주요 작전이었다. 이런 문제를 자주포는 해결할 수 있었다. 적이 반격하기 전에 이동해버리면 되기 때문이다.

물론 우리 군에도 당시 미국 기술을 이전받아 만든 자주포가 있긴 했다. 1985년 미국의 155㎜ 자주포 기술을 도입해 만든 K55가 대표적이었다. 포탑은 수입해 들여오고 차체를 국내에서 조립해 생산하는 형태였다.

하지만 최대 사거리가 25㎞ 안팎에 그쳐 40~50㎞까지 타격이 가능한 북한을 앞서지 못했고, 수량도 부족했다고 한다. 전장에서 화포 간 경쟁에서 밀릴 수 있다는 불안감이 군 내부에 산재해 있었다. 그래서 우리 군은 고故 김동수 ADD 본부장당시 자주포 체계팀장 지휘 아래 우리 고유의 자주포 개발에 착수했다.

"오늘도 너도 남았구나"

안병철 사장은 삼성항공 입사 초기 자주포 내부에 장착되는 포탄 이송 장치를 설계하는 연구원으로 일을 시작했다. 그 시스템 개발이 끝나고 전체 자주포 시스템을 담당하게 되면서, 전국으로 자주포를 끌고 다니며 몇 년 동안 테스트하는 일을 맡게 됐다.

지금은 결점이 거의 없는 K9이지만 개발 과정에서는 크고 작은 문제가 잇따랐다. 안 사장이 직접 관여하지는 않았지만 가장 큰 어려움 중 하나가 동력장치 개발이었다고 한다. 무게 47t이나 되는 기계를 최고 시속 67㎞로 달리게 한다는 것은 1990년대의 기술로는 넘기 힘든 벽이었다.

국내에는 기술이 없어 개발팀은 초기에는 미국의 850마력 엔진을 가져다 썼다. 하지만 몇 년 동안을 시험한 끝에 결국 실패했다. 9,600㎞까지 달릴 수 있는 내구성을 갖춰야 하는데 번번이 시험을 통과하지 못하고 엔진이 망가지거나, 꺼지기 일쑤였다.

결국 독일의 1,000마력짜리 MTU 엔진으로 바꿔서 원점에서 다시 시작했다. 안 사장은 "실패였어도 동력 장치에 대한 경험을 쌓았기에 독일 엔진으로 성공할 수 있었던 것"이라며 "포기하지 않고 빠르게 다시 시작한 것이 가장 잘한 결정이었다"고 했다.

개발 막바지가 되어 눈길에서의 기동이 원활한지 마지막 테스트를 해야 하는데, 1998년 겨울에 눈이 충분히 오지 않아 스키장에서 테스트를 진행한 것도 유명한 일화다. 1999년 3월 초, 강원도 홍천의 대명 비발디 스키장에 부탁해 사람이 없는 밤 11시부터 새벽 5시까지 야간 조명을 켜고 기동 훈련을 했다고 한다.

안 사장은 K9 개발 과정의 어려움을 이렇게 회고했다.

"거의 막내였던 제 기억에 우리 회사나 ADD의 선배들은 매일 고난에 가득 차 있었어요. 밤마다 남아서 문제 해결을 어떻게 해야 하나 고민하면서 서로를 보면 '오늘도 너도 남았구나' 하면서 한탄하고 그랬죠."

그가 1994년 결혼해 창원에서 일할 때의 일이다. 아내는 매일 저녁 옷이 더러워진 상태로 늦게 들어오는 남편을 수상하게(?) 여겼다.

"저도 고향이 서울이고 집사람도 서울인데 연고가 없는 곳으로 온 거잖아요. 삼성항공 무슨 연구소 다닌다고 결혼한 거죠. 당시는 늘 작업복을 입고 다닐 때였어요. 아내가 아침에 깨끗하게 작업복을 다림질까지 해놓은 걸 입고 나오는데 저녁만 되면 옷이 엉망으로 더러워지고 이상한 냄새도 나는 상태로 집에 오는 거예요. 당시 유압 장치도 담당할 때인데, 휘발유 냄새랑은 또 다른 특유의 냄새가 있거든요. 아내 입장에선 남편이 삼성에 다니고 연구소에 다닌다고 했는데, 옷 상태가 이상한 거죠. 우리는 연구한 장치를 시험하고 테스트하느라 자주포 안에 직접 들어가 있어야 하는데, 책상에 앉아서 하는 연구가 아니니까 당연한 거 아니겠어요? 그런데 어느 날 퇴근했더니 아내가 제 손을 꼭 잡고 얘기를 하더라고요. '솔직하게 얘기해!' 이러는 거죠. '뭘 솔직하게 얘기해?'라고 했더니 '회사에서 잘린 거 아니야?'라는 거예요. 그래도 가족 먹여 살려야 하니까 공사장에 다니는 줄

알았대요. 하하."

비극과 슬픔을 딛고 사명감으로 다시 복귀하다

안병철 사장이 K9 개발을 떠올릴 때 마음 한구석이 아픈 것은 개발 과정에서 겪은 슬픔 때문이다. 1997년 12월, 충남 안흥시험장에서의 일이었다.

당시 ADD 강신천 선임연구원과 조기호 기술원, 삼성항공의 정동수 대리와 막내였던 그가 함께 연속 포탄 발사 시험을 하고 있었다. 연속 사격 중 갑자기 포탄 발사가 뚝 멈췄다. 탄이 들어가는 약실에서 연기가 피어올랐다. 삽시간에 뻘건 불길이 4~5평에 불과한 실내에 번졌다. 앞서 포를 쏘고 포신 안에 남은 장약에 미미한 불씨가 붙어있던 상태였는데, 그 상태에서 다음 탄이 장전되며 불이 옮겨 붙은 것이다. 맨 안쪽 사수석에 있었던 30대 정동수 대리는 빠져나오긴 했지만 결국 극심한 화상으로 한 달 뒤 숨졌다.

이 사고로 개발이 지연될 것이란 우려가 확산되었다. 하지만 이들은 약 4개월 만에 개발 현장에 복귀했다. '우리가 하지 않으면 전체 개발이 멈춘다'는 사명감 때문이었다.

안 사장은 이렇게 회고했다.

"동고동락했던 친한 형이 돌아가셔서 자주포를 타는 것만으로도 힘들었지만 리더였던 강신천 박사님이 '헌신적으로 일했던 정동수 대리를 생각해서라도 우리가 이 일을 성공시켜야 하지 않겠냐'고 다독여주셔서, 서로 손을 꼭 잡고 다시 해보자고 다짐했습니다."

안 사장의 방산 경력 20년 넘는 동안 개발 프로젝트는 3개였다. 가장 긴 시간을 K9과 함께 보냈다. 나머지가 K55 견인포 개량 사업, 105㎜ 견인포를 자동화하는 것이었다. 안 사장은 말했다.

"삼성 다녔으니까 삼성전자 간 친구들 있잖아요. 얘네랑 얘기하다가 '나 20년 동안 프로젝트 3개 했어' 그러면, '너 놀고 먹는구나' 농담으로 그래요. 삼성전자 같은 경우에는 90년대 초반이면 1년에 핵심 신제품이 하나씩은 나왔잖아요? 방산은 개발 주기가 워낙 길어서 그런 얘길 들었죠, 하하."

연평도 도발 사건의 중심에 서다

K9 자주포의 실전 성능도 예기치 않게 확인했다. 2010년 11월 23일, 북한에서 연평도를 포격 도발했을 때다. 오후 2시, 북한군이 연평도에 122㎜ 방사포 등으로 기습적으로 포격을 시작했다.

당시 연평도에 배치돼 있던 우리 포병부대에는 K9 자주포 6문이 있었다. 하지만 기습 직후 3문만 사용 가능한 상태였다. 북한 공격이 시작된 후 13분 만에 실시한 1차 반격 때 K9 자주포가 불을 뿜기 시작했다. 이후 2차 반격 때 1문을 더 가동해 총 4문으로 맞섰다.

하지만 사건 초엔 논란이 컸다. 당시 위성사진 등으로 K9이 발사한 80발 중 탄착점이 45발만 확인돼 명중률 등 성능에 대한 우려가 제기된 것이다. "논과 밭이나 바다에다 쐈다"는 자극적인 비난이 일었다. 북한에 얼마나 타격을 줬는지를 당시에는 알 수 없었던 상황이었다.

또 초기 3문만 가동 가능했던 것도 비판을 받았다. 당시 공격을 받고 2문은 사용할 수 없는 상태가 됐고, 1문은 오전 훈련 중 포탄이 내부에 걸려 고장이 나 있었다고 한다. 걸린 포탄을 빼낸 뒤 반격이 가능했는데, 이런 상황들도 비난을 받았다.

다행히 나중에 진실이 밝혀졌다. 자동 장전 장치 등을 갖춘 자주포가 아니었다면 13분 만에 신속하게 반격할 수도 없었다는 것이다. 또 당시 우리 군이 대응 사격을 하면서 정확한 좌표를 받지 못한 것이다. 정확한 목표를 지정해 놔야 포가 그 지점을 타격하는데 목표 지점 자체가 일부 틀렸던 것이다. 이후 분석에서는 잘못된 목표이긴 했지만, K9 자주포 자체는 대부분 그 목표를 제대로 타격한 것으로 나타났다.

안병철 사장은 말했다.

"자주포 논란이 생겨서, 군이 외부 전문가들이 포함된 분석팀을 꾸렸어요. 저도 거기 들어가서 같이 분석을 했죠. 원래 자주포 안에 탄을 넣어두고 대기하는데 그날은 오전에 사격이 있어 넣어뒀던 포탄을 다 쓴 상황이었대요. 그래서 기습을 당하니 당장 쏠 수가 없었던 거죠. 하지만 그때 적 포탄이 쏟아지는 상황에서 우리 해병대원들이 탄약고에서 포탄을 꺼내서 장전을 한 거죠. 그것도 13분 만에. 정말 용감했다고 높게 평가하고 싶어요. 당시 진지 옆에서는 불이 나는데도 제자리를 지키고 사격을 하던 해병대원들 사진이 아직 한화에어로스페이스 창원 사업장에 걸려 있어요."

수출 신화

K9은 일종의 유저 커뮤니티가 있다. 한화에어로스페이스가 만든 'K9 유저user 클럽'이다. 사용국이 한국 포함 11곳이나 되다 보니 매년 1~2회씩 각국의 군 관계자들이 한자리에 모여 K9 사용 노하우나 보완할 점을 공유한다.

2001년 튀르키예를 시작으로 폴란드2014년, 핀란드·인도·노르웨이2017년, 에스토니아2018년, 호주2021년, 이집트2022년, 루마니아2024년, 베트남2025년 등이 K9을 도입한 나라다. 무기 역시 일반 제품과 마찬가지로 고객들의 생생

한 의견을 경청하는 것이 필수라는 점에서 착안한 모임이다.

각각의 수출 과정은 녹록지 않았다. 2013년 인도 수출 때는 러시아와 일대 일 승부를 벌였다. 당시 인도 라자스탄 사막에서 테스트가 실시됐는데, 인도군 장교 지시로 높은 언덕을 오르다 자주포의 궤도차량 바퀴를 감고 있는 일종의 체인가 빠져버리는 일이 생겼다. 24시간 내 정해진 거리를 주파해야 하는 시험이었다.

시간이 부족하다고 판단한 안병철 사장 등 직원 5명은 2톤짜리 궤도를 바퀴에서 빼내는 작업을 시작했다. 도구 하나 없어 망치 하나로 5명이 돌아가면서 밤새 연결 부위를 해체해 궤도를 다시 장착시켰다. 자주포 뒤편 안

테나에 러시아는 자기 나라 국기를 달고 테스트하는데, 한화 측은 인도 국기를 달아 조금이라도 더 마음을 사려고 노력하던 때였다.

2001년 튀르키예에 자주포를 수출할 때는, 테스트 중 튀르키예 군인들의 사용 실수로 포탄 자동 공급 장치가 부서지는 일도 있었다. 튀르키예 군인들은 당시 "두 달은 시험 못 하겠다"고 했는데, 당시 안 사장은 사고 발생 후 30시간 만에 현지에 부품을 갖고 도착해 현지인들을 놀라게 했다고 한다.

안 사장이 말하는 방산 수출은 이렇듯 결국 고객의 마음을 사는 것에서 시작한다. 예컨대 호주에서 방산 전시회를 하면 우리는 노르웨이 육군 참모총장을 초청한다고 한다. 노르웨이는 이미 K9을 수입해서 쓰는 나라다. 노르웨이 군 관계자가 호주에 와서 K9 써보니 좋다고 한마디 해주는 게 어마어마한 마케팅이 된다는 것이다.

반대로 미국의 AUSA라고 하는 미국에서 가장 큰 육군 지상 장비 전시회가 열리면, 여기에도 많은 나라의 군 관계자가 온다. 그러면 한화에어로스페이스가 이번에는 호주 군 관계자들을 대거 초청한다. 그러면 자연스럽게 한화에어로스페이스 부스에서 다른 나라 군 관계자들이 만나 소통을 한다는 것이다. 그러면 이게 또 K9을 홍보하는 장이 된다고 한다.

미래로 나아가다

K9은 작년 9월 마침내 엔진 국산화에 성공했다. 핵심 기술인 엔진까지 스스로 만들면서 국산화율을 86%로 높였다. 우리 고유 기술 자주포의 마지막 퍼즐을 완성한 셈이다. 그리고 탄약·장약을 자동으로 장전할 수 있는 개량형 K9A2 자주포로 2025년 말 현재 미 육군의 차세대 자주포 도입 사업에서 독일·영국·미국·이스라엘 방산 기업과 경쟁하고 있다. 성공할 경우 미국 방산 시장 첫 진출이 된다.

안병철 사장은 K9을 개발하는 엔지니어였고, 지금은 세계를 향해 뛰고 미래 전략을 짜는 경영자다. 그를 그토록 열정적으로 움직이게 한 힘은 뭐였을까.

"저희 창원 사업장 들어가면 입구에 정말 큰 태극기가 천장에 걸려 있어요. 옛날에 한창 일할 때 그 태극기 옆에 정확하지는 않지만 '자기 나라를 지키는 무기를 만들지 못 하는 나라는 선진국이 될 수 없다'는 취지의 말이 함께 있었어요. 그 말이 깊이 가슴에 와 닿았어요. 그 당시에 우리는 선진국에 대한 갈망이 있었잖아요. 결국 자주국방에 대한 얘기인 거죠. 우리 선배들 덕분이죠. 제가 지금까지 일해 오면서 선배님들 세대로부터 그런 걸 배웠어요. 몰입. 내가 여기 모든 걸 걸고 하겠다는 거요. ADD나 방위사업청, 군에 계셨던 분들 모두 밤이나 주말 따지지 않고 일하셨어요. 그게 자기의 일신을 위한 거였겠어요? 결국 원동력은 나라를 위한 마음인 거죠."

'T-50' 계열 항공기 수출 실적 2025년 11월 기준

국가	대수
인도네시아	22대
이라크	24대
필리핀	24대
태국	14대
폴란드	48대
말레이시아	18대

총 6개국 150대

| 6장 |

하늘도 열었다
초음속 고등훈련기 T-50

전영훈 박사

항공 무기 시장은 미국·영국·프랑스 등 소수 국가가 장악한, 진입 장벽이 높은 영역으로 꼽혀 왔다. 그런데 한국항공우주산업KAI의 초음속 고등훈련기 T-50이 2011년 인도네시아 수출을 시작으로 중동, 유럽 시장까지 차례로 뚫고 있다. 2025년 11월 기준으로 수출에 성공한 T-50 계열 항공기는 6개국에 150대, 총 84억 달러약 12조 원에 달한다. T-50 경쟁력의 원천은 무엇일까. T-50 개발을 초기부터 이끈 전영훈 박사를 찾았다.

◉   2024년 11월, 취재 차 경남 사천에 자리 잡은 한국항공우주산업KAI 본사를 찾았다. 축구장 3개 규모인 고정익 항공기날개가 고정된 항공기 공장에선 다목적 전투기 'FA-50' 조립이 한창이었다.

FA-50은 초음속 고등훈련기인 'T-50'을 전투기로 개량한 제품으로, 이날 공장에서 만들고 있던 FA-50은 모두 내수용이 아닌 수출용 제품이었다. 진입장벽 높은 항공 방산 분야에서 FA-50을 포함한 T-50 계열 항공기가 세계 시장을 뚫고 명실상부한 K방산 대표 수출품이 된 덕분이다.

공군 조종사 출신인 전영훈 박사는 이런 T-50 탄생을 이끈 주역이다. 그는 국산 비행기 개발의 꿈 하나만을 품고 공군 현역으로 유학길에 올랐고, 귀국 후 국방과학연구소ADD에 합류한 뒤에는 "지금이 아니면 30~40년 후에야 기회가 올 것"이라며 T-50 개발을 밀어붙였다. 사업이 예산과 인력, 기술력 문제로 난항을 겪을 때면 영국 BAE, 미국 록히드마틴 같은 방산 업체 문을 부지런히 두드려가며 길을 찾았다.

처음부터 수출을 염두에 두고 초음속 개발, 민간 주도 개발을 밀어붙인 것도 그였다. 2024년 10월, 경기도 김포의 한 카페에서 만난 전 박사는 "T-50 수출 소식을 처음 접했을 때 '정말 내가 기대했던 대로 이뤄졌구나' 싶어 감개무량했다"고 말했다.

항공기 개발의 꿈

1947년 서울에서 태어난 전영훈은 평범한 소년이었다. 공군 조종사를 선택한 계기도 특별하진 않았다. 당시 대학생이던 누나의 애인이 공군 조종사였는데, 어린 나이에 제복을 입은 모습이 멋있어 보여 큰 고민 없이 공군사관학교에 입학했다고 한다. 1970년 공군사관학교를 졸업하고 소위로 임

관한 후엔 10년 간 공군 전투조종사로 F-4D 팬텀을 몰았다. 당시 오랜 시간 조종을 하며 전투기 굉음과 함께한 여파로 전영훈 박사는 귀가 잘 들리지 않는다고 했다.

항공기 개발의 꿈은 팬텀기와 함께한 어느 날의 훈련에서 시작됐다. 팬텀기가 적기를 격추하는 방법은 크게 미사일 발사와 기관포 사격, 두 가지로 나뉜다. 적기가 멀리 있으면 미사일을, 가까워지면 기관포로 대응하는 식이다.

미사일과 기관포를 맞바꾸는 스위치는 조종석 앞면 밑쪽에 있었다. 어느 날의 훈련에서 전 박사는 가상 적기와 교전 중 스위치를 조작하려 잠시 가상 적기에서 눈을 뗐다. 그 순간 적기가 순식간에 시야에서 사라졌다.

전 박사는 스위치 위치를 바꿔야 한다고 생각했고, 정비실을 찾아갔다. 하지만 정비사는 그에게 이런 대답을 들려줬다.

"팬텀에 우리는 한 군데도 손을 못 댑니다."

우리 공군이 사용하는 전투기지만 미국 제품이었기 때문에 우리 마음대로 개조할 수 없다는 것이었다. 전 박사는 "그때 처음으로 우리 손으로 항공기를 개발해야겠다는 꿈을 꾸게 됐다"고 말했다.

전 박사는 곧바로 공군본부에서 주관하는 유학 시험을 본 후 미국 미시시피주립대 항공과로 유학을 떠났다.

낯선 언어로 비행기 개발 과정을 공부하는 일은 쉽지 않았다. 컴퓨터로 작업을 해본 것도 처음이었다. 그러나 비행기를 개발하겠다는 일념 하나로 석사와 박사는 물론, 박사후연구원Postdoc 과정까지 마친 후 1987년 귀국해 ADD에 자리 잡았다. T-50 개발의 시작이었다.

530만 원으로 시작한 국산 항공기

ADD에서 일하게 된 전영훈 박사는 당시 공군이 필요로 하고 있던 고등훈련기를 개발해야 한다고 생각했다. 하지만 우리 공군 내부는 물론 ADD에서조차 '기술도, 돈도 없는데 사서 쓰면 되지 왜 굳이 개발을 해야 하느냐'는 반대 목소리가 컸다.

전 박사는 "한번 구입하면 30~40년은 사용하는 항공기의 특수성을 감안할 때 지금 포기하면 한참 뒤에나 후대에 가서야 기회가 올 것 같아 매일 아침 연구계획실장을 찾아가 예산을 배정해 달라고 졸랐다"고 했다.

전 박사가 기초연구를 위해 신청한 예산은 첫해인 1989년 1억 5000만 원이었다. 그러나 최종적으로 배정받은 금액은 단돈 530만 원이었다. 전 박사는 "그래도 '출생신고'를 해준 게 감지덕지인지라 실장님께 절을 꾸벅하고 사무실로 돌아왔다"고 말했다.

하지만 고작 530만 원으로 기초연구를 진행할 수는 없는 노릇이었다. 전 박사는 궁리 끝에 절충교역_{무기 도입 대가로 기술이전 등을 받는 방식}을 떠올렸다. 당시 우리 공군은 고등훈련기 연구개발을 하되, 우선 당장 필요한 20대는 영국 방산업체 BAE에서 사오려 하고 있었다.

전영훈 박사는 이 기회를 놓치지 않고 절충교역 협상을 시작했다. 그리고 결과적으로 우리 연구팀 24명을 12개월 동안 BAE에 파견할 수 있었다. 이들은 고등훈련기 설계 기술을 전수받았고 이를 통해 기초연구를 마칠 수 있었다.

기초연구를 끝낸 후 다음 단계는 탐색개발이었다. 그러나 탐색개발 계획서는 ADD 심의회 차원에서 또 부결됐다. 예산이 너무 많이 들 뿐 아니라 기술과 인력도 부족하다는 것이었다. "사업 예산을 국방부에서 받아오겠

위 사진은 공군 조종사 시절의 전영훈 박사.
아래 사진은 미국에서 T-50을 개발하던 당시 모습.

다"고 윗선을 설득했지만, 국방부 역시 개발에 부정적이라 쉽지 않았다.

록히드마틴으로 향하다

난관에 부딪힌 사업은 1991년 우리 군이 록히드마틴당시엔 제너럴다이내믹스과 전투기 F-16 구매 계약을 맺으며 다시 물살을 탔다. 이번에도 절충 교역으로 록히드마틴 연구진에게 고등훈련기 개발 기술을 배울 기회를 얻게 됐기 때문이다. 국방부도 기술이전을 받는 차원에서 결국 탐색개발을 승인했다.

이듬해 가을, ADD와 삼성항공 연구원 10여 명이 1차 선두 인원으로 미국 텍사스주 포트워스에 있는 록히드마틴 공장으로 떠났다. 이 공장에서 5㎞쯤 떨어진 건물 2층, 830㎡약 250평 규모의 공간이 이들의 연구실이었다. 전영훈 박사는 록히드마틴 개발팀과 일 대 일 교류를 요청했다. 록히드마틴은 비슷한 수준의 개발진을 붙여줬지만 핵심 기술은 알려줄 생각이 조금도 없었다. 전 박사는 "록히드마틴 사람들과 친해지면 기술 하나라도 더 알려줄까 싶어 바비큐 파티를 열고 함께 밴드까지 조직해 연주해가며 친분을 쌓았다"고 했다.

록히드마틴 연구진이 오후 5시 30분에 퇴근을 하고 나면 우리 개발팀은 남아서 나머지 공부를 했다. 기술을 습득하고 따라잡아야 다음 단계, 더 심도 있는 기술을 이전해줄 것이기 때문이었다. 그렇게 3년간 총 86명의 연구원·엔지니어가 동고동락하며 어떤 식으로 초음속 고등훈련기를 만들어야 하는지 등 기체 설계부터 공기 흐름에 따른 데이터를 확보하는 풍동 실험 등 성능 시험 방식까지 다양한 고등 훈련기 개발 기술을 배웠다. 이것이 10여 년 동안 이어진 T-50 개발의 밑바탕이 되었다.

아음속과 초음속

고등훈련기 개발 당시 우리 공군이 원한 고등훈련기는 영국 '호크' 같은 아음속(음속 이하) 훈련기였다. 그러나 T-50 개발팀은 논의 끝에 초음속 항공기로 방향을 틀었다. 고등훈련기도 전투기처럼 기동성이 뛰어난 초음속이 필요해지는 추세였고, 록히드마틴에서 미국팀과 동고동락하며 미국 역시 초음속 고등훈련기 도입을 염두에 두고 있다는 사실을 알게 됐기 때문이다. 아음속 훈련기는 이미 여러 나라에서 개발해 판매 중이었기에 경쟁력이 떨어질 것이라는 판단도 작용했다.

또다시 우리 공군 내부에선 초음속기 사업으로 변경하는 것에 대한 반대가 있었다. 전영훈 박사는 당시 미국 순방 일정 중 록히드마틴에 방문한 조근해 공군참모총장을 설계사무실로 초청해 설득에 들어갔다. 결국 전 박사의 주장이 관철돼 고등훈련기 개발은 초음속으로 방향을 돌릴 수 있게 되었다. 그는 말했다.

"항공기를 200~300대는 생산해야 손익분기점이 맞으니 개발 후에는 수출이 필수인데, 그러려면 앞으로 세계시장에서 수요가 늘어나는 초음속이어야 한다고 판단했습니다."

전 박사는 초음속기 기술이 없는 우리가 주어진 기간 안에 독자적으로 개발을 끝내기는 어렵다고 생각했다. 결국 그가 내린 답은 록히드마틴과의 공동 투자, 공동 개발이었다. 초음속 항공기는 소리의 속도(마하 1.0)를 돌파하기 위해 공기의 저항을 견딜 수 있는 구조로 설계해야 한다. 재료나 엔진 같은 부품도 아음속 항공기와는 달랐다. 필요한 부품만 30만 개가 넘고 성능 시험도 훨씬 많이 반복해야 하는 고난도 개발이었다.

전 박사는 "비용이나 기술 문제뿐 아니라 나중에 수출할 때 우리 혼자 개발한 것보다 록히드마틴이라는 파트너를 내세워야 믿음을 줄 수 있다고 생각했다"고 한다. 세계 1위 방산 업체인 록히드마틴이 투자했다고 하면 세계 시장에서 신뢰성을 인정받을 것이란 판단을 한 것이다.

이후 록히드마틴은 우리나라 요구를 검토한 끝에 참여를 결정했고, T-50은 우리나라와 록히드마틴의 공동 개발 형태로 진행되기 시작했다.

초음속으로의 방향 전환은 훗날 '신의 한 수'로 판명이 났다. 현재 우리나라에서 수출한 T-50 계열 항공기는 기본형T-50보다 이를 다목적 전투기로 개량한 'FA-50'이 더 많다. 초음속으로 만들었기에 전투기로 개량이 가능했고, 더 많은 국가의 수요를 충족시킬 수 있게 된 것이다. 우리나라 항공기 제작 기술력도 한차원 도약했다.

업체 개발로 판이 바뀌다

한편 공동 투자, 공동 개발을 결정한 록히드마틴에선 '파트너는 정부가 아닌 민간 업체가 되어야 한다'는 내용의 투자 조건을 통보해왔다. 이는 전영훈 박사 생각과도 같았다. 다른 나라를 둘러보니 설계자가 곧 제작자였고, 두 역할을 동시에 하는 민간 업체가 직접 비즈니스 현장에서 뛰며 수출을 진두지휘하고 있었다. 항공 산업을 육성하려면 업체에 주도권을 넘겨줘야 한다는 생각이 강해졌다.

이런 생각을 관철시키는 과정에서 ADD 내부의 반발과 미움도 샀다. 민간 업체에 남은 개발을 넘겨야 한다는 주장에 반대하는 연대서명 파동까지 일었다. 전 박사는 "T-50이 개발되면 세계 시장에서 판매를 해야 되는데 설계·개발과 제작·생산이 이원화돼 있으면 경쟁력이 떨어질 것이고 지금도 그 생각은 변함이 없다"고 말했다.

1994년 12월, T-50 사업기획단이 구성됐다. 이 사업단에서 제일 먼저 한 일은 사업을 정부ADD가 이끌 것인지 민간 업체삼성항공가 주도할 것인지 결정하는 일이었다.

결론적으로 1995년 6월, 국방부는 T-50 개발의 마지막 단계인 체계개발을 업체 주도 개발로 최종 결정했다. 우리나라 항공 방산 육성을 위해선 업체 주도로 가야 한다는 전 박사의 주장이 통한 것이다. 이후 1997년 7월, 정부 산하 심의회에서 T-50 국책사업화 결정이 나고, 그해 10월 삼성항공과 체계개발 계약이 체결되어 본격적으로 삼성항공이 개발을 이끌게 됐다.

IMF 속에서도 나아간 개발

이듬해 2월, 전영훈 박사는 30년 가까이 몸담고 있던 군을 떠나 삼성항공으로 적을 옮겼다. 직급은 이사 대우, 직책은 체계종합팀장이었다. 그로부터 3개월 후엔 개발센터장으로 T-50 개발을 이끌었다.

체계 개발 단계에 들어갔지만 착수 2개월 만에 IMF 사태가 터지면서 개발 여건은 급격히 악화되었다. 고등훈련기를 설계할 인력도 턱없이 부족했다. 미국에 다녀온 삼성항공 32명을 포함한 100명 정도가 전문 지식을 갖춘 인원의 전부였다. 이 인원으로 공군에 약속한 기한 안에 개발을 끝내기는 불가능했다. 설상가상으로 당시 삼성항공은 기업 자금 사정이 나빠져 연구소를 대전에서 사천으로 옮겼고, 일부 핵심 설계 인력이 이탈하기 시작했다.

개발팀은 그때부터 사방에서 인력을 끌어모으기 시작했다. 개발 일정에 맞추기 위해서는 경험 있는 충분한 인력이 관건이었다. 전 박사는 "때마침 IMF 사태로 자동차나 선박 쪽에서 실직자가 많이 나왔는데, 그런 기술자

까지 데려와 겨우 인력 공백을 메꿀 수 있었다"고 했다. 야전 침대를 갖다 놓은 사무실에서 낮에는 설계하고 밤에는 서로 배우고 가르쳐주는 주경야독이 몇 개월간 이어졌다.

설계에도 어려움이 많았다. 전 박사는 "전차는 고장 나면 멈춰서 수리하면 되고 문 한 짝이 떨어져도 운행할 수 있지만, 항공기는 부품 하나만 어긋나도 추락사고로 이어지기 때문에 신중을 기할 수밖에 없다"고 했다.

그런데 1차 설계를 마칠 시점이 되었을 때, 항공기 전방·중앙·후방 동체의 중심축을 담당팀마다 서로 다르게 잡았다는 걸 그제야 깨닫고 처음부터 다시 설계를 시작해야 했다. 프랑스에서 공수해온 랜딩기어착륙 장치에 문제가 생겨 연구원 한 명이 프랑스로 날아가 천신만고 끝에 새 랜딩기어를 구해오기도 했다.

첫 비행

IMF 외환위기가 터진 후 그 수습 과정에서 삼성항공과 대우중공업, 현대우주항공 등 3개 대기업의 항공기 사업 부문이 합쳐져 1999년 한국항공우주산업KAI으로 재탄생했다. 전영훈 박사는 2001년 상세설계가 끝나고 T-50 시제품 생산을 앞두고 있던 시기 KAI를 떠났다. 제작과 생산 능력은 이미 KAI가 갖추고 있었던 만큼 더 이상 자신이 필요하지 않다고 느끼고 사직서를 제출한 것이다.

1년 후 KAI에서 T-50 초도비행이 있을 예정이니 참석해 달라는 초청장이 왔다. 전 박사의 가슴이 다시 한 번 뛰기 시작했다. 자신의 청춘을 바친 T-50이 처음으로 하늘을 나는 역사적인 순간이었다.

2002년 8월 20일, 경남 사천 비행장 활주로. 이날의 초도 비행은 일부 내부 인원만 참석한 비공식 행사였다. 공군에서는 성공을 확신하지 못했기에 행사를 비밀리에 열고 외부에 홍보도 하지 않은 것이다.

공군 조광제 중령이 초음속 고등 훈련기 T-50 조종간을 잡고 하늘로 비상했다. KAI 경영진과 T-50 개발자들은 기체가 무사히 비행을 마치고 다시 눈앞에 나타나길 초조하게 기다렸다. 40분 후, T-50이 사뿐히 땅으로 내려앉자 모두들 서로를 부둥켜안으며 만세를 불렀다. 1989년 전 박사가 개발을 제안하며 첫발을 내디딘 첫 국산 초음속 고등 훈련기 T-50이 초도 비행_{첫 비행}에 성공한 순간이었다.

6개월 후인 2003년 2월 18일엔 T-50 초음속 비행이 있었다. 시제 1호기가 사천비행장을 이륙해 4만 피트 상공으로 날아오른 후 시험비행 조종사가 후연기_{제트엔진 후반부 배출구에 연료를 한 번 더 분사}를 작동시켰다. 그 순간 계기판의 숫자가 높아지더니 T-50이 음속을 가볍게 돌파했다. 전 박사는 "우리가 꿈꾸었던 게 진짜 이뤄졌구나, 감개무량할 따름이었다"고 말했다.

T-50 개발은 완벽하지만은 않았다. 엔진 같은 주요 부품 대부분을 외국에서 사오는 등 국산화율이 낮은 한계가 있었다. 온전한 독자 개발이 아닌 록히드마틴과의 공동 개발이기도 했다.

전 박사는 특히 항공전자 부분 개발을 자체적으로 하지 못한 부분을 아쉬워했다. 비행기 개발의 정점은 항공전자와 비행제어인데 둘 다 록히드마틴이 기술을 지원했기 때문이다. 비행제어는 조종·제어와 관련된 부분이라 안전과 직결되는 만큼 우리보다 기술력이 훨씬 앞서 있던 록히드마틴이 담당하는 게 맞았겠지만, 레이더나 디스플레이 같은 항공전자 장비는 우리 힘으로도 충분히 해낼 수 있었다는 것이 전 박사의 생각이다.

그는 "당시 우리가 개발을 맡으면 2000만달러 정도 비용이 더 올라가는

상황이었는데, 내부에서 개발비도 문제고 기술적으로도 자신이 없었기 때문에 반대가 있었다"고 했다.

T-50을 통한 초음속기 개발 경험은 현재 KAI가 개발 중인 초음속 전투기 'KF-21'_{별칭 보라매}로 이어지고 있다. 차세대 항공기 개발의 초석이 된 셈이다.

T-50은 조만간 방산의 본고장 미국 시장에 도전할 계획이다. 미국 정부는 2028년 입찰을 목표로 해군 고등 훈련기 도입을 추진 중인데, 여기에 KAI가 T-50으로 참여할 예정이다. 방산 업계에선 KAI·록히드마틴이 한 팀이 돼 보잉·사브_{스웨덴 방산업체} 연합과 겨룰 것으로 예상하고 있다.

다연장로켓 '천무' 특징

실전 배치	2015년
다양한 장거리 공격	사거리: 80km(동시 12발)
	사거리: 290km(동시 2발)
차량 이동 속력	최대 시속 80km
수출	폴란드 등 3개국(2025년 11월 기준)

| 7장 |

화력의 패러다임을 바꾸다
다연장로켓 천무

신현우
한화에어로스페이스 전 사장

2024년 8월, 폴란드 국군의 날 기념 행사. 폴란드군 주요 무기 7종을 선보이는 행진 선두에 다연장로켓 '호마르K'가 등장했다. K방산의 대표 주자인 '천무'를 폴란드 맞춤형으로 개조해 납품한 폴란드 버전 천무였다. 북한 장사정포 대응용으로 만들어진 천무는 2017년과 2021년 두 곳의 중동 국가에 수출된 데 이어, 2022년에는 폴란드와 총 290문의 수출 계약을 맺으며 K방산 대표 수출품으로 거듭났다. 천무가 세계 시장을 뚫은 힘은 무엇일까.

◎　2000년대 중반. 우리 국군 내부에선 사거리가 60㎞에 달하는 북한의 장사정포에 맞설 새로운 무기 체계 필요성이 거론되고 있었다. 휴전선 인근의 장사정포는 언제든 수도권을 포격할 수 있는 가장 큰 위협요소다.

북한 장사정포에 대응할 당시 우리 군의 주력 무기는 자체 개발한 다연장 로켓 '구룡'이었다. 한 번에 여러 발의 탄을 빠르고 연속적으로 발사할 수 있는 무기 체계를 다연장 로켓이라 한다. 하지만 사거리가 40㎞도 못 되는 치명적인 단점이 있었다.

짧은 창으로 긴 창에 맞서는 것이 불리한 것은 자명한 이치이다. 사거리를 40㎞에서 80㎞까지 늘려야 한다는 목소리가 커졌다. 더욱이 기존 구룡은 목표물을 추격할 수 있는 유도탄미사일이 아니라 정밀도도 떨어졌다. 결국 북한에 대응하려면 사거리도 늘려야 하고 정밀도도 높여야 하는 두 마리 토끼를 모두 잡아야 했다.

한화는 육군이 한국형 차기 다연장 체계 획득을 검토하고 있다는 소식에 발 빠르게 사업성 검토에 나섰다.

당시 군에서 요구한 것은 크게 두 가지였다. 하나는 새로운 다연장 시스템에서도 기존 구룡 전용 130㎜ 탄과 미군의 M270 MLRS미국의 다연장로켓 시스템으로, 우리 군에서도 사용 전용 227㎜ 탄을 사용할 수 있어야 한다는 것. 왜냐하면 새 무기가 나왔다고 해서 기존의 탄을 갖다버릴 수는 없었기 때문이다. 또 다른 하나는 다연장 시스템에 장착할 사거리 80㎞ 미사일이 있어야 한다는 것이었다.

한화는 당시 군이 무기를 미국에서 살 것인지, 아니면 독자 개발할 것인지 결정도 나지 않은 상황에서 사업 선점을 위해 개발부터 시작했다. 이 개발의 결과물이 2015년 우리 군에 실전 배치된 '천무'다.

천무라는 이름에는 '하늘을 뒤덮는다'는 의미가 담겼다. 군사용 트럭 같은 차체에 발사장치포드 2개가 실려 있는데, 포드를 교체하면서 사거리 36km 무유도로켓 40발구경 130mm부터 사거리 80km의 유도 미사일 12발239mm, 사거리 290km에 달하는 유도 미사일 2발600mm까지 다양한 종류의 탄을 발사할 수 있다.

2024년 10월, 서울 한화빌딩에서 천무 개발의 최전선에 있었던 신현우 한화에어로스페이스 당시 사장을 만났다. 1987년 한화에 입사한 그는 방산사업본부 방산전략실장, 한화에어로스페이스 대표 등을 거치며 한화 방산 부문의 성장을 이끌었고, 2024년 말 일선에서 물러났다. 그는 "입사 때와 현재의 한국 방산 위상을 비교하면 그야말로 격세지감을 느낀다"고 했다.

선先 개발에 나서다

천무 선先 개발에 나서기로 결정하기 전, 한화 내부에선 격론이 오갔다. 보통 무기 개발은 군에서 정식 사업 공고가 나오고 나서 시작하는 게 일반적이다. 개발에 먼저 나섰다가 실패하거나, 성공하더라도 군에서 외국 무기 도입을 선택한다면 수백억 원의 투자비를 날릴 가능성이 크기 때문이다. 게다가 한화는 이전까지 무유도탄은 만들어본 적이 있었지만 유도탄미사일 전체 설계와 개발은 해본 적이 없었다. "사업 공고가 나오면 우리가 잘하는 영역만 참여하는 게 낫지 않느냐"는 목소리도 컸다.

하지만 신현우 사장을 비롯한 일부는 이번이 한화에 다시 오지 않을 기회라고 생각했다. 무기 체계의 일부가 아닌 체계 전체 개발을 주도할 기회, 무유도탄이 아닌 미사일이라는 새로운 사업에 참여할 황금 같은 기회라고 본 것이다. 논의 과정을 보고받은 김승연 한화 회장도 "실패해도 좋다, 그래도 기술은 남지 않겠느냐"며 힘을 실어줬다.

"당시 내부 분석 결과 시제품 개발까지 160억 원이 들 것이라는 추산이 나왔습니다. 지금도 큰돈인데 20년 전이니 엄청난 금액이었죠. 사업보고서를 만들었는데 위에서 '너무 리스크가 많다, 하지 마라' 하면 그대로 접어야 하는 상황이었습니다. 그런데 회장님께서 '실패해도 기술은 남을 것 아니냐, 그러면 이번에 실패해도 다음번에는 할 수 있겠지'라며 그대로 진행하라고 결정을 내리셨어요. 그 말 하나로 끝까지 밀고 갈 수 있었습니다."

개발 과정에서 가장 공을 들인 건 미사일이었다. 천무는 무유도탄과 유도탄 모두 발사 가능한 시스템인데, 천무의 개발 과정은 사실상 미사일을 만들 수 있느냐 없느냐의 싸움이었다. 미사일 같은 유도무기는 두뇌 역할을 하는 유도 조정 장치, 눈 역할을 하는 관성 항법 장치, 손발 역할을 하는 구동 장치 기술까지 완벽하게 조화를 이뤄야 한다. 한화는 국방과학연구소 ADD부터 대학·기업 연구소를 막론하고 사방에서 인력을 유치했다. 특히 주요 연구소, 기업, 국내 대학 30~40곳을 중심으로 꾸린 컨소시엄이 큰 힘이 됐다.

바다에서 찾은 잔해

개발이 한창이던 2006년 여름, 한화 개발팀은 미사일 발사 시험을 위해 충남 태안의 안흥시험장으로 향했다. 시험은 바다를 향해 쏘는 방식으로 진행됐다. 첫발을 쏘아 올렸다. 개발팀은 몇 분간 통제실에서 초조하게 화면 위에 뜨는 미사일 궤도를 지켜봤지만 결과는 실패. 목표를 맞히기는커녕 발사 거리 80㎞도 못 날고 바다에 추락했다.

실패는 이후로도 이어졌다. 미사일이 연속해서 두 번 명중해야 성공인데,

아예 한 번도 맞지 않거나, 한 번은 맞았지만 다음에는 실패하곤 했다. 발사 한 번에 드는 비용도 엄청났다.

개발팀은 지푸라기라도 잡는 심정으로 해저 수거 전문 업체를 고용했다. 바다에 추락한 미사일을 찾아 실패 원인을 분석해보기 위해서였다. 시험 과정에서 추락한 3개의 미사일 중 건져낼 수 있었던 건 단 하나뿐이었다. 그리고 그마저도 바다에 부딪힌 충격에 형체가 온전하지 않았다.

근처에 숙소를 잡고 그날부터 미사일을 분해하며 분석하기 시작했다. 유도 조정 장치가 문제였는지, 날개 부문에 문제가 있었는지, 제품 재질이나 코팅·가공·조립 문제였는지 하나도 빠짐없이 살폈다. 신 사장은 "날개 구동 쪽이 문제였다고 잠정적으로 결론을 내리고 그때부터 수개월간 관련 부품을 보완하고 시험을 거듭했다"고 했다.

그렇게 시험을 반복한 끝에 정부가 내놓은 기준(두 발 연속 명중)을 통과했고, 2009년 정식으로 개발 사업에 착수할 수 있었다.

깃발을 맞추다

정식 개발에 들어가면서부터는 명중 성공률이 핵심이었다. 미사일이 80㎞를 날아가고 나서 목표 지점 반경 15m 안에 들어가는지 보는 시험이 필요했다.

한화 개발팀은 외국에서 시험이 가능한 장소를 물색하기 시작했다. 국내에는 땅에서 그만한 거리를 시험할 장소가 없었고, 바다로 발사해선 미사일이 정확하게 목표물을 타격하는지 정밀 측정하기가 어려웠기 때문이다. 튀르키예 등 다양한 나라를 수소문한 끝에 최종 낙점된 곳은 이스라엘의 한 시험장. 시험장이 넓었을 뿐 아니라 무기 선진국답게 측정 장치 등 시험

장비 성능도 월등히 좋았다. 2년 여간 총 6번의 시험이 이어졌다.

2012년 말의 어느 날이었다. 발사대에서 미사일이 80㎞ 떨어진 목표물을 향해 떠나고 3분이 지났을 즈음, 개발팀 전원이 숨죽여 성공 여부를 기다린 끝에 사방에서 환호성이 터져 나왔다. 이 시험에선 미사일이 목표물인 깃대 반경 15m 안에만 들어가도 성공인데, 정중앙 깃대를 정확히 명중시켰기 때문이다. 골프로 따지면 홀인원한 번에 홀에 공을 집어넣는 것이었다. 신현우 사장은 "당시 이스라엘의 한 방산 업체에서 '정확도가 정말 대단하다. 우리와 협력하지 않겠냐'고 제안했을 정도였다"고 했다.

나머지 시험도 명중까진 아니었지만 모두 목표물 반경 15m 안에 들어왔다. 백발백중이었다.

천무는 이듬해 하반기 우리 군 관계자와 함께 이스라엘 시험장에서 진행한 마지막 평가를 통과했고, 이후 양산에 돌입해 2015년부터 실전 배치됐다.

가성비, 로켓배송, 그리고 AS

한화는 2015년 천무 실전 배치 후 본격적인 수출 세일즈에 나섰다. 특히 중동 국가를 겨냥해 홍보에 힘썼다.

첫 수출은 중동의 한 국가. 해당 국가가 어디인지는 이미 언론 보도 등을 통해 대략 알려져 있지만 한화에선 비밀 유지 조항 때문에 공식적으로 나라 이름을 언급하지 않는다. 한화빌딩 사무실 안 지도에는 한화의 무기 수출국이 표시돼 있었지만 중동 국가의 경우 대부분 가려져 있다.

당시 이 나라는 세계 최고 수준인 미국의 다연장로켓 하이마스와 천무를 저울질하다 천무로 최종 낙점했다. 천무를 선택한 이유 중 하나는 화력이었다. 천무는 한 번에 장착할 수 있는 화력이 하이마스의 두 배다. 발사장

2023년 폴란드 국제방위산업전시회에 폴란드형 천무 '호마르K'(위 사진 오른쪽)와 미국 하이마스 폴란드형(위 사진 왼쪽)이 나란히 전시돼 있다. 아래 사진은 2024년 9월, 폴란드 육군 소속 호마르K가 기동 훈련 중인 모습.

치포드가 2개로 하이마스1개보다 더 많다. 즉, 천무 1대 만큼의 화력을 내려면 하이마스 2대가 필요한 셈이다. 2대가 할 역할을 1대가 충분히 수행하니 그만큼 인력도 후속 지원도 덜 필요하다. 중동처럼 군 인력이 부족한 국가에선 큰 장점이다.

2021년에는 또 다른 중동 국가와 계약을 맺었다. 역시 국가 이름은 물론 계약 시점, 계약 금액도 비밀이다. 업계에서는 각각 조 단위 계약으로 추정한다. 수주 과정에선 K방산의 주요 장점으로 꼽히는 가성비가격 대비 성능와 빠른 납기 약속, 사후 관리 서비스AS가 경쟁력으로 작용했다.

"한화뿐만 아니라 한국 방산 기업 모두 완전 '로켓 배송'입니다. 게다가 AS가 확실하죠. 생각해보세요. 무기 일부가 고장이 나면 당연히 수출한 업체에 연락하겠죠. 그럼 미국이나 유럽은 한두 달 걸립니다. 그런데 우리는 수출 협상에 임할 때 항상 이렇게 강조했습니다. '이 장비는 지금도 한국군이 쓰고 있고 우리가 MRO유지·보수·정비도 하고 있다. 후속 군수 지원에 전혀 문제가 없다는 뜻이다. 너희 나라가 쓰다가 문제가 생기면 바로 연락해라. 24시간 안에 수리하러 가겠다'고요."

2022년 폴란드 수출 때도 마찬가지였다. 한화는 2022년 11월부터 2차례에 걸쳐 폴란드에 천무 290문과 관련 탄을 수출하는 계약을 맺었다. 당시 공개된 계약 규모는 7조 2000억 원.

그해 폴란드가 한국산 무기 수입을 결정한 데는 러시아·우크라이나 전쟁의 영향이 컸다. 러시아의 우크라이나 침공 이후 북대서양조약기구NATO 진영 최전선에서 러시아와 맞서야 한다는 위기감이 커졌고, 자국의 불안정한 안보 상황을 직시하게 됐기 때문이다. 신현우 사장은 말했다.

"러시아-우크라이나 전쟁이 벌어지기 전에 이미 유럽 정세가 심상치 않다는 정보를 입수하고 당시 사장인 김동관 부회장의 지시로 TF팀을 구성해 유럽 시장에 공을 들였습니다."

한화는 천무 계약을 맺은 이듬해부터 납품을 시작했고 폴란드군은 곧바로 이를 실전 배치했다. 신 사장은 "유럽은 거의 10년 전부터 지상 장비에 투자하지 않았고 미국도 크게 다르지 않았기 때문에 당장 무기를 사고 싶다면 사실상 우리밖에 선택지가 없었던 셈"이라고 말했다. 북한과의 끝 모를 대치 상황이 아이러니하게도 한국 방위산업에 기회가 된 셈이다.

신 사장은 또 다른 K방산 경쟁력으로 고객 맞춤형으로 다양하게 개조가 가능하다는 점을 꼽았다. 그는 "현재 천무는 구경 600㎜ 미사일까지 장착할 수 있는데, 이 크기 이하면 어떤 탄을 가져와도 장착해 쏘도록 만들어줄 수 있다"고 했다. 천무뿐만 아니라 한화가 만드는 장갑차나 K9 자주포도 마찬가지다. 보병 전투 장갑차인 레드백은 국내 운용 중인 K21 장갑차를 호주 현지에 맞게 개량한 모델이다. 차량 내부에서 특수 헬멧을 쓰면 고글 화면을 통해 전차 외부 360도 전 방향을 감시할 수 있는 기능 등을 추가했다. K9 자주포의 경우 인도 수출용에는 에어컨이 들어가지만, 핀란드 수출 물량에는 에어컨을 넣지 않는다.

K방산, 다음을 생각하라

1988년, 입사 2년차 한화 말단 사원이었던 신현우는 그해 10월 미국 워싱턴에서 열린 AUSA미 육군협회 방산전시회에 참석해 각 업체의 전시 부스를 둘러보고 있었다. 페트리엇 미사일, 에이브람스 탱크, 브래들리 장갑차…….그해 AUSA는 그야말로 미국 방산 업체들의 잔치였다. 신현우 사장은 "미국의 어마어마한 무기를 보고 기가 죽었다. 국력의 차이에 압도당했다"며

"'우리나라는 언제쯤 이곳에 번듯한 무기를 갖다 놓고 전시할 수 있을까' 생각했다"고 그날을 회상했다.

그로부터 30년쯤 지난 2017년. 한화는 바로 그 전시회에 대형 부스를 차리고 K9 자주포 실물을 전시했다. 그 자리에는 한화테크윈한화에어로스페이스의 전신 항공방산부문 대표이던 신 사장도 있었다.

K9 자주포를 한국에서부터 배에 싣고 가 미국 항구에 내리고는 트레일러로 옮겨 싣고 고속도로를 달렸다. 워싱턴 전시회장 근처에 이르자 그는 직원들에게 "워싱턴 시내를 두 바퀴만 돌고 들어가자"고 제안했다. 트레일러에는 태극기도 달았다. 30년 만에 훌쩍 성장한 한국의 국력이 그만큼 자랑스러웠다. 신 사장은 "당시 우리 교포들이 길거리로 나와 사진을 찍고는 소셜미디어에 올렸다"며 "'내가 이민 온 지 30년인데 이렇게 감격스러운 적은 오늘이 처음이다'라고 적은 글이 기억에 남는다"고 했다.

한화테크윈은 그해 미국에 처음으로 지사도 열었다.

상전벽해는 아직까지 진행 중이다. 몇 년 전부터 AUSA뿐 아니라 중동의 IDEX, 영국의 DSEI, 프랑스의 파리에어쇼까지 주요 전시회마다 한국 방산 업체들은 대규모 전시 부스를 차리고 있다. 그 부스마다 세계 각국 군 고위 관계자들이 몰려온다.

"한국에서 '번개 사업'무기 국산화 프로젝트이 태동한 게 1970년대입니다. 소총 하나 만들지 못 하는 나라였죠. 그런데 지금은 소총부터 시작해 미사일, 함정, 항공기까지 다 만듭니다. 한화라는 회사를 떠나서 그 위상은 정말 굉장하죠. 대한민국 국방과학기술이 세계 10위 안에 분명히 들어가고요. 'K방산'이란 이름은 우리가 붙인 거지만 실제 외국에 나가보면 K방산의 힘을 생생하게 느낄 수 있습니다."

우리나라 주요 방산 기업의 리더로 최전선에서 일해 온 만큼, 신 사장은 앞으로의 바람과 조언도 쏟아냈다. 가장 중요한 건 '지속성'이다. 한국 정부가 꾸준히 무기 개발에 투자해온 결과 K방산이 기회를 얻을 수 있었던 만큼, 앞으로도 이 기조가 유지되길 바란다고 했다.

또 중고 무기 판매가 주요 수출 전략이 될 수 있다고 덧붙였다. 우리 군이 운용하는 중고 무기를 다른 나라에 팔고, 그렇게 해서 빈 자리에 다시 새 무기를 채워 넣는 방식이다. 2017년 핀란드로의 K9 자주포 수출이 이런 방식으로 이뤄졌다. 우리 육군에서 사용한 지 12년이 지나 전면 정비를 해야 하는 자주포를 핀란드에 수출하고, 우리 육군에는 신형 자주포를 공급했다. 핀란드와 우리나라 모두에 도움이 되는 새로운 '윈-윈'Win-Win 모델을 만든 것이다. 신 사장은 "국방 예산이 많지 않은 나라라 새 무기보다는 중고를 사고 싶어 했고 그런 식으로 결국 또 다른 시장이 뚫린 셈"이라고 말했다.

기존 수출국을 완전한 '내 편'으로 만드는 것도 중요하다. 그래야 20~30년 후 무기 수명이 다하고 대체 무기를 찾을 때 다시 한국 무기를 찾는다는 것이다.

"지금 우리가 수주한 물량의 혜택을 누릴 수 있는 건 길어야 10년밖에 되지 않습니다. 이제는 고장 나면 바로 가서 고쳐주고, 제대로 된 유지보수도 하고, 필요하면 일부 기술 이전도 해주면서 그들이 우리 무기를 쓸 때 완전하게 우리 편으로 만들어야죠. 그래야 무기를 교체할 때 다시 한국 무기를 구매할 겁니다. 또 우리는 그 사이에 후속 무기를 개발하고 있어야 합니다. 대안을 제시해야 그 국가에서 계속 우리 무기를 살 테니까요."

천궁-II 성능 및 특징

특징
- 중거리 지대공 유도 무기 천궁을 개량한 탄도탄 요격 체계
- 항공기 요격만 가능한 천궁과 달리 초음속 미사일도 요격 가능

개발·제조
국방과학연구소(ADD)·LIG넥스원·한화

구성
다기능레이다·교전통제차량· 수직발사대 등으로 1개 포대 구성

제원
목표물 종류 따라 사거리 20~50㎞, 고도 15~20㎞, 최대 속도 약 마하5

| 8장 |

첨단무기 대표 주자
천궁

김지찬
LIG넥스원 부회장

'한국판 패트리엇'으로 불리는 중거리 지대공 유도무기 체계 '천궁-Ⅱ'는 한국 방산 수출의 역사를 새로 쓴 무기다. 2022년 UAE아랍에미리트와 2023년 사우디아라비아에 각각 4조 원대 수출을 성사시킨 데 이어 작년에는 이라크 정부와 3조 7000억 원 규모 수출 계약을 체결했다. 2022년 4월 방한해 무기 지원을 요청한 젤렌스키 우크라이나 대통령, 그해 11월 방한한 사우디 빈살만 왕세자가 가장 큰 관심을 보인 무기도 천궁-Ⅱ로 알려졌다. 중동 석유 부국富國들은 왜 한국의 '천궁-Ⅱ'에 자국의 방공망을 맡기게 됐을까.

⊕　　2019년 사우디아라비아의 국영 석유 회사 아람코 최대 석유 시설 두 곳이 무인기 공격을 받아 가동이 중단됐다. 후티 반군은 공격의 배후를 자처했다. 사우디는 인접국인 예멘 후티 반군의 로켓, 탄도·순항미사일, 무인기·드론 공격 위협에 항상 노출돼 있어 방공 무기 도입이 시급했다. 미국산 패트리엇을 운용하고 있지만 완벽하지 않았다.

2022년에는 아랍에미리트UAE 아부다비 국영 석유 회사ADNOC 정유 시설도 드론 공격을 받았다. 사우디 수도 리야드, UAE 수도 아부다비의 핵심 시설까지 외부 공격에 노출된 사례로 국제사회가 충격을 받았다.

위기감이 고조된 상황에서 중동 국가들이 서둘러 도입에 나선 게 K방산의 천궁-Ⅱ다. 한국형 미사일 방어 체계KAMD의 핵심 무기로 꼽히는 천궁-Ⅱ는 고도 40㎞ 이하에서 날아오는 탄도미사일과 항공기 등을 요격할 수 있는 방어 체계다.

2012년부터 국방과학연구소ADD 주도로 개발됐으며, 미사일과 통합 체계는 LIG넥스원, 레이더는 한화시스템, 발사대와 차량은 한화에어로스페이스가 각각 생산한다. 탄도탄 요격 체계는 세계 6~7개국만 개발에 성공하고, 기술 개발에 성공해도 극비로 숨길 정도로 고도의 첨단 기술이 요구되는 무기 체계다. '후발 주자가 진입하기 어려운 난공불락의 시장'으로 여겨졌다.

1987년 금성정밀공업현 LIG넥스원에 입사해 '38년 방산 외길'을 걸어온 김지찬 LIG넥스원 부회장현 고문을 2024년 10월, 경기 판교 LIG넥스원 R&D센터에서 만나 '난공불락 공략기'를 들어봤다.

김 부회장은 2018년 창사 이래 첫 내부 승진으로 사장에 올랐다. 범LG가家로 분류되는 LIG넥스원의 대표는 김 부회장 이전까지 범LG 계열사 출신

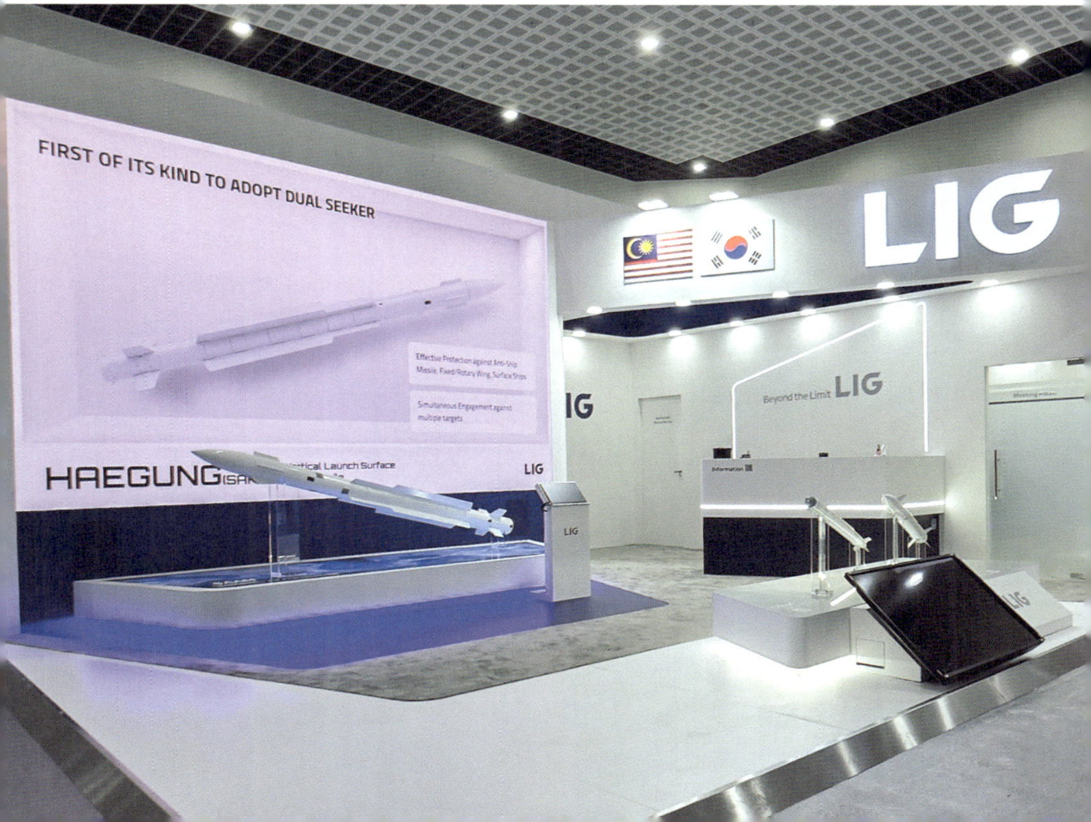

FIRST OF ITS KIND TO ADOPT DUAL SEEKER

Effective Protection against Anti-Ship
Missile, Fixed/Rotary Wing, Surface Ships

Simultaneous Engagement against
multiple targets

HAEGUNG (SAAM) Vertical Launch Surface   LIG

이 맡아왔다. 그는 첨단 국산 무기 개발·양산 현장에서 오래 근무해 군에서도 조언을 구하는 방산 전문가로 꼽힌다.

금성 가전이 1등을 하던 시절 남들과 다르게 그룹 공채에서 '방산'을 1순위로 지원한 신입 사원 시절, '돈 안 되는 사업'으로 계열사 사업 보고 때마다 홀대받았던 기억, 중동 사막에서 실전 테스트 결과를 초조하게 기다리던 순간까지 그의 이야기는 생생하게 펼쳐졌다.

시골 소년에서 방산 전문가로

충남 예산군 오가면의 작은 과수원 마을에서 태어나 성장한 김지찬 부회장은 시골에서 평범한 유년기를 보냈다. 이후 서울로 '유학' 가서 고등학교를 졸업하고 국민대에서 전자공학을 전공했다. 1987년 금성정밀현 LIG넥스원에 입사하며 방산업계에 발을 들였다. 럭키금성 그룹 공채에 지원한 김 부회장은 '금성정밀'을 1지망으로 지원해 방위산업에 입문한 뒤 38년째 방산 외길을 걸었다.

"과수원 마을에서 뛰놀던 제가 국방, 산업 현장에서 평생 일하게 될 줄은 몰랐습니다."

LIG넥스원이 최근 매년 조兆 단위 수출 신화를 쓰고 있지만 방위산업 초창기에는 찬밥 신세였다. '자주국방'을 강조한 국가 요청에 따라 1976년 럭키금성현 LG그룹에서 출범한 금성정밀공업은 미군이 가져온 호크 미사일을 정비하는 게 주 업무였다.

"금성사 텔레비전과 전화기가 최고였던 시절이었고, 국방 예산에 의존해야 하는 방산은 그룹 예산 확보 등에서도 어려운 처지였습니다."

냉전의 유산 속에서 시작된 기술 기반

입사 초기 그는 옵셋 거래절충 교역 부서에서 해외 무기 조달 및 구성품 수출입 업무를 맡았다.

외국 기술에 의존하던 한국 방산은 아직 걸음마 단계였고, 군수 정비 사업이 기업의 주된 수익원이자 생존 기반이었다. 하지만 김지찬 부회장은 그 속에서 민수용 레이더 개발과 수출의 가능성을 엿보며 기술 국산화의 필요성을 체감했다.

"당시 우리가 하던 일은 미군 무기 정비였지만, 그 속에서 국산화의 가능성을 하나씩 찾아갔습니다."

1990년대 무기 체계 국산화가 싹트던 시기에는 레이다 분야 연구개발R&D 사업, 유도 무기 영업을 맡았다. 사업 추진부터 쉽지 않았다. 그룹 경영진 회의에서 금성정밀 차례에는 "됐고, 다음"이 일상이었다. 지금은 필수인 '자동화' 공정을 두고도 "1년에 미사일 1~2발 만드는데 무슨 자동화가 필요하냐"는 말이 나오기도 했다고 한다.

김 부회장을 포함한 당시 방산 사업 구성원들이 버틸 수 있던 건 '자부심'이었다. 그가 속한 금성정밀과 당시 삼성정밀현 한화에어로스페이스은 치열하게 경쟁했다. 매년 그룹 내 평가에서 '삼성을 이기는 유일한 계열사'라는 자부심이 있었다고 한다. 매출 규모는 작았지만 자존심과 책임감으로 버텼다.

"럭키금성 그룹 내에서 유일하게 삼성을 이긴 회사가 우리였죠. 작아도 치열하게, 자존심이 생명이었습니다."

이후 김 부회장은 2004년 LG그룹에서 분사돼 LIG그룹에서 방산 투자가 확대된 이후, 회사의 영업과 연구개발 업무를 총괄했다.

방산 비리의 먹구름, 가장 아팠던 기억

2010년대 중반, 방산업계는 방산 비리 수사로 깊은 충격을 받았다. LIG넥스원도 그중 하나였다.

"한국 방산업계가 겪은 가장 어두운 시절이었습니다."
LIG넥스원도 시험 장비 재사용 문제를 두고 수사를 받았고, 강도 높은 조사를 받은 한 연구원이 세상을 떠나는 안타까운 비극으로 이어졌다.

문제가 됐던 시험 장비 재사용은 성능 개선을 위한 반복 실험의 일환이었다고 한다. 테스트 후 살릴 수 있는 부품을 모아 다시 사용한 게 화근이 됐다. 김지찬 부회장은 "시험 장비 재사용이 문제가 됐지만 그건 수십 번 더 꼼꼼하게 실험하기 위한 것이었다"며 "오히려 비용 절감의 모범 사례였고, 결국 나중에 무죄가 됐다"고 했다.

감사원 조사 당시 실제 시험 환경과 비용, 효율성 등을 설명하며 억울함을 호소했지만 당시 방산 산업 특유의 폐쇄성과 보안 규정은 이런 해명을 국민 앞에서 제대로 할 수 없게 만들었다. 기업 이미지와 내부 사기가 크게 흔들린 시기였다.

"제 인생에서 가장 큰 아픔 중 하나예요."

'조 단위 수출'의 문을 연 첫걸음

2006년 인도네시아에 무전기를 수출하며 LIG넥스원은 본격적인 수출 기업으로 발돋움했다. 이어 중동 A국가

PART 2. 세계 속 K방산을 만든 사람들

와 조 단위 유도 로켓 수출 계약으로 대한민국 방산 수출의 새 역사를 썼다. 해외 수출한 무기는 수입한 국가에서 실제 운용하는 모습을 영상으로 공개하거나 실제 전투 장면이 언론 등에 포착되는 형태로 수입 국가가 드러나는 경우가 있다. 그러나 계약 시점, 규모 등을 비공개로 하는 경우가 일반적이다.

2022년 가을, 중동 A국 사막 한복판에 꾸려진 군軍 통제소. 국산 탄도탄 요격 체계 '천궁-II'의 '연동' 신호가 불발됐다. 현지에 파견된 LIG넥스원 연구원들의 짧은 탄식 이후 침묵만 흘렀다. 조兆 단위 계약을 한 달 앞두고 벌어진 일이었다. 'K방산'의 신뢰와 명운은 남은 한 달 안에 승부를 걸어야 할 상황이었다.

주변국 무장 단체의 미사일 공격에 시달리던 A국은 '미사일을 격추하는 미사일', 탄도탄 요격 체계를 추가 도입하며 미국·이스라엘 등 방산 선진국 대신 한국의 천궁-II를 택했다. 파격적인 선택이었다.

그러나 엄청나게 까다로운 조건이 붙었다. 계약 마지막 조건에 "1년 안에 현지 군 지휘 체계c2와 천궁-II가 완벽하게 연동하는 것을 시연해야 한다"는 문구를 적어 놓은 것이다. 이종異種 무기 체계를 하나의 시스템으로 통합하는 연동은 고난도 작업으로, 과거 A국에 무기 체계를 수출한 세계 최고 수준의 미국 방산업체도 5년 넘게 걸린 일이었다. 김지찬 부회장은 "계약 조건으로 약속한 시간은 얼마 남지 않아 시쳇말로 모두 '멘붕'이 됐다"고 했다.

낯선 사막 환경에서 씨름하던 현지 파견 연구원, 한국 본사 지원 인력까지 핵심 연구원 40여 명이 모두 투입돼 시험 항목 300개를 샅샅이 원점부터 재검토했다. 김 부회장은 "마감 날짜는 총알 같은 속도로 다가왔고, 국가

대 국가의 약속인 만큼 어떻게든 해내야 한다는 생각에 방위사업청, ADD까지 나서 총력을 기울였다"고 했다.

운명을 가를 사격 시험 예정일을 며칠 앞두고, 천궁-II 문제가 아닌 현지 통신망의 '방화벽' 문제임을 찾아냈다. 며칠 뒤, A국 고위 군 관계자가 참석한 사막 통제소에서 시험 발사 명령이 떨어졌다. '발사 성공.' 김 부회장은 "현지 군 관계자 모두 '말도 안 된다'며 극찬했다"며 "K방산이 또 한 단계 도약하는 순간이었다"고 했다.

이후 'K방산'이라는 단어가 주목받기 시작했다. 매년 조 단위 계약이 현실이 됐다.

중동 3국 하늘 지키는 '천궁'

천궁-II는 초음속으로 날아오는 적 탄도탄까지 요격할 수 있도록 개발된 유도 무기 체계다. 적 항공기를 요격하는 중거리 지대공 유도 무기 '천궁'의 후속 모델이다.

천궁은 1960년 미국에서 도입한 호크Hawk·매를 대체한다는 의미로 1998년 '철매-II' 프로젝트로 시작됐다. 천궁은 2015년, 천궁-II는 2020년 실전 배치를 시작했다. 김지찬 부회장은 "탄도탄 요격 체계는 미국·러시아·이스라엘 등 세계 6~7개국만 개발에 성공하고, 기술 개발에 성공해도 극비로 숨길 정도의 무기 체계"라며 "후발 주자가 진입하기 어려운 난공불락의 시장이었다"고 했다. ADD가 개발을 총괄한 상황에서 교전통제소, 유도탄, 체계 종합 등 핵심을 모두 LIG넥스원이 맡았다. 다기능 레이더와 발사대는 한화가 담당했다.

'천궁-II'는 수직발사대에서 유도탄을 공중으로 밀어 올린 후 공중에서 원하는 방향으로 날아가는 콜드론칭 방식을 적용해 적 위협에 대해 360도 전 방향 대응이 가능하다. 탄도탄 요격을 위한 교전통제 기술과 다기능 레이더의 추적 기술, 다표적 동시 교전을 위한 정밀 탐색기를 비롯해 유도탄의 빠른 반응 시간 확보를 위한 전방 날개 조종형 형상 설계 및 제어 기술, 연속 추력형 측추력 등 세계 최고 수준의 기술들이 적용됐다.

무모한 도전으로 보였던 중동 방산 시장 공략은 극적인 결과를 낳았다. 2022년 UAE와 35억 달러약 4조 8000억 원, 2023년 사우디아라비아 35억 달러, 2024년 9월 이라크와 25억 달러 규모의 천궁-II 수출 계약을 체결했다. 3년 연속 중동의 맹주 사우디를 포함해 3국 하늘을 지키는 방공망에 K방산 무기가 수주를 따낸 것이다.

사우디 수출 코드명 '33사업'

중동의 맹주, 사우디 수출 성공 뒤에는 코드명 '33'SAMSAM이 있었다. 빈 살만 왕세자가 검토를 지시하면서 본격 추진됐다. 협상 초기에는 현지화 생산 조건으로 치열하게 협상을 벌였고, 마지막 협상 때는 받아들일 수 없는 가격 인하 요구 때문에 마음을 졸였다. 해당 사업을 주관한 부문장이 귀국 비행기를 타러 가는 도중에 '협상을 재개하자'는 사우디 측 연락이 왔고, 막바지 논의 끝에 계약이 체결됐다.

당시 사업 멤버들은 "사우디는 무기 도입은 물론 장기적인 협력 관계를 구축하기 원했기 때문에 정말 진지하게 사업을 할 수 있는 파트너를 원했다", "사우디군은 후티 반군이나 테러에 대응하다 보니 전 세계에서 방공요격 실전 경험이 가장 많은 국가인데 방공요격체계는 복합무기체계라 한 번 결정하면 중간에 바꾸기 쉽지 않다. 다른 국산 무기들을 실전에서

이것이 '전차 킬러' 현궁. 김지찬 LIG넥스원 부회장이 경기 성남시 LIG넥스원 사옥 홍보관에서 대전차 유도무기 '현궁' 모형을 어깨에 메고 성능을 소개하고 있다.

사용해보고 품질에 만족했기 때문에 첨단 방공요격체계에도 관심을 보였고 국내 실사격을 참관하면서 품질에 대한 믿음을 얻은 것 같다"는 후기를 전했다.

방산은 군납이 아니라 '산업'

김지찬 부회장은 끊임없이 방산을 '군납'이 아닌 '산업'으로 인식해달라고 강조했다. 국방부, 방위사업청 주관으로 이뤄지는 한국군軍이 운용하는 무기 발주도 당연히 중요하지만, 이제는 공공 조달의 일부가 아닌 기술 기반 산업으로 바라보는 시각 전환이 필요하다는 것이다.

"방산을 산업으로 보지 않으면 우수 인재도, 기술도 남지 않습니다. 산업화는 생존의 문제입니다."

그는 방산의 수익 구조 한계도 누구보다 잘 알고 있다. 국내 사업은 단가 규제와 고정 가격 탓에 인센티브가 없고, 우수 인재를 유치하기 어렵다. 수출은 이런 현실을 타개할 수 있는 유일한 전략이라는 것이다. 글로벌 시장에서 이익을 확보해야 조직이 버틸 수 있다는 것이 그의 철학이다.

"국내 사업은 단가로, 수출은 성과로 보상을 받습니다. 인재를 붙잡기 위해선 수출이 유일한 해답이었습니다."

K방산의 미래, 설계자의 시대

LIG넥스원 같은 방산 대기업을 중심으로 뿌리 내린 K방산 생태계에 대한 자부심도 컸다. LIG넥스원은 현재 약 400여 협력업체와 함께 일하고 있다. 그는 단순히 부품을 조달받은 하청 구조가 아닌 함께 제품을 개발하고 기술을 키워나가는 상생형 파트너십을 강조했다.

"우리가 함께하는 협력사가 400곳이 넘습니다. 이 생태계가 무너지면 우리도 무너지는 겁니다. 같이 성장하는 구조를 만들어야 방산이 지속 가능합니다."

또, 이제 K방산은 자주국방을 넘어 글로벌 전략의 주체로 성장했다고 평가했다. 과거 단순 조달 대상이었던 한국이 이제는 전략과 기술을 '설계'하는 위치에 올라섰다는 것이다. 방산 수출은 단순 거래가 아니라, 동맹의 형태로 진화하고 있으며, 그 중심에 LIG넥스원이 있다는 자부심도 드러냈다.

"이제 한국은 방산을 설계하는 나라입니다. 기술, 전략, 산업의 주도권을 함께 쥐는 시대로 들어섰습니다. 방산이 국가 기술력, 경제의 중추가 될 수 있도록 후배 세대의 역할이 중요합니다."

수리온 헬기 제원

전폭·전장·전고	메인 로터 직경
3.3x15.0x4.5m	15.8m
엔진	최대 이륙중량
2개(각 1,855마력)	8709kg

- 독수리의 '수리'와 숫자 100, 완벽을 뜻하는 '온'의 합성어
- 완전무장 병력 9명 탑승, 2시간 30분간 작전 가능
- 자동 비행 조종, 야간 비행 가능

| 3장 |

세계로 날다
다목적헬기 수리온

KAI 안인철 수석기술사 &
김원규 직장

2024년 12월, 이라크 정부는 한국 '수리온 헬기' 도입 계약을 체결한다고 밝혔다. 규모는 1억 달러약 1458억 원. 헬기 2대뿐 아니라 이라크 헬기 조종사, 정비 기술자 등을 교육해주는 비용이 포함된 한국의 첫 헬기 수출이었다. 줄곧 외산 헬기에 의존해오던 우리나라는 2012년 수리온 자체 개발에 성공했다. 이후 우리 군이 10년 넘게 운용하며 실전 경험을 쌓아오다 수출까지 성공한 것이다. 이제 수리온은 차세대 K방산 수출품으로 부상할 준비를 하고 있다.

◉ '수리온'이란 이름은 하늘의 제왕인 독수리의 '수리'와 숫자 100을 뜻하는 '온'을 합친 것이다. 국민 공모를 통해 붙여졌다. 독수리의 용맹함과 기동성, 그리고 국산화 100% 및 완벽함을 추구한다는 뜻이다.

수리온 개발은 모두가 '불가능하다'고 했던 프로젝트였다. 관련 경험이 전무했던 데다 개발 과정도 6년에 불과했기 때문이다. 통상 헬기 개발에 10년 이상 소요되는 점을 고려하면 유례를 찾기 어려울 정도다.

2025년 4월 25일, 경남 사천 한국항공우주산업KAI 본사에서 만난 안인철 헬기비행시험팀 수석기술사, 김원규 회전익생산팀3직장은 수리온의 전 개발 과정을 함께한 최고의 전문가들이다. 김 직장은 개발 과정을 "한마디로 맨땅에 헤딩이었다"고 표현했다.

기술·시간 태부족, '맨땅에 헤딩'

김원규 직장은 헬기 개발 과정에서 시제기의 테스트와 시험 비행을 담당하는 '3직'을 이끈다. '직장'職長은 생산 현장에서 팀 단위를 이끄는 '조장'組長의 상급자다. 군 조종사 출신인 안인철 수석은 3직에서 만든 헬기로 시험 비행을 하는 조종사를 거쳐, 현재는 시제기에 동승해 비행 전반과 기체 안전을 책임지는 수석기술사를 맡고 있다. 서로 목숨을 걸고 신뢰해 온 관계다.

2006년 수리온 개발은 군이 운용하는 UH-1H, 500MD 등 외산 노후 헬기를 대체해야 하는 상황, '계속 외국산에 기댈 것이냐, 한번 독립해볼 것이냐'의 기로에서 추진됐다. 한국은 산이 많은 지형으로 전시에도 물자를 옮기거나 부상 병력을 구조할 수 있도록, 좁은 지역에서 뜨고 내릴 수 있는 헬기가 필수다.

KAI는 설계 단계부터 한반도의 기상조건과 산악 요건을 철저히 고려했다. 한반도의 기상 데이터를 반영하고, 백두산 높이_{해발 2,744m}의 고공에서도 제자리 비행이 가능하도록 개발됐다. 완전무장 병력 9명이 탑승해 2시간 30분 동안 작전이 가능하다. 최첨단 항전 장비인 자동 비행 조종 장치와 디지털 지도, 야시장비, 상태감시 장비 등이 장착돼 있어 주·야간 악천후에도 임무를 수행할 수 있다. 생존성 향상을 위해 적 위협에 대한 자동 경보·방어 시스템이 구축돼 있다.

KAI는 '고정익'이라 불리는 날개가 고정된 훈련기·전투기 등은 만들어봤지만, 프로펠러가 돌아가는 회전익 개발은 처음이었다. 경험과 시간이 절대적으로 부족한 상황에서 KAI가 택한 것은 '동시 공학설계'라는 방법이었다. 설계를 마친 후 시제기를 생산하는 게 아니라, 설계와 시제기 생산을 동시에 진행하는 것이다. 설계에서 결함을 하나 잡으면, 곧바로 이를 반영한 모델을 만들어 테스트하는 식이다.

KAI 직원들은 개발 기간 동안 사실상 '월화수목금금금' 생활을 했다. 김원규 직장은 "처음 조장을 맡았을 때 선배들이 '가족을 버려야 한다'고 하더라"며 "한참 바빴을 때 월 초과근무를 헤아려보니 205시간이었다"고 했다. 주말도 없이 한 달 내내 매일 15시간씩 일한 셈이다. 그는 "당시 돌잔치를 해줬던 아이가 이젠 고등학생이 됐는데, 가족과 함께 찍은 변변한 사진이 없어 아이들에게 참 미안하다"고 했다.

KAI 사사_{社史}에는 수리온 개발 초기였던 2007년, 한 연구원이 회사에 출근하다 교통사고가 나자 '이제는 쉴 수 있겠구나'라는 생각이 먼저 들었다고 할만큼 개발 과정이 고난의 날들이었다는 에피소드가 적혀 있다.

동시 공학설계 때문에 설계가 쉴 새 없이 바뀌었다. 조종사들은 묵묵히 시

KAI(한국항공우주산업)의 안인철 헬기비행시험팀 수석기술사(왼쪽), 김원규 회전익생산팀 3직장(오른쪽)

험 비행으로 이를 뒷받침했다. 시험 비행 조종사 출신인 안인철 수석은 "설계를 바꿀 때마다 우리가 시험 비행을 해줘야, 밤새 일하는 사람들이 빨리 고칠 수 있다는 걸 잘 알다 보니 원래는 비행을 마치고 일정 시간 휴식을 취해야 하는 조종사들이 자원해서 하루에 10소티Sortie·1회 비행씩 비행을 한 적도 있었다"고 말했다.

깐깐한 견제 속 개발 성공

이런 노력에도 불구하고 기술 장벽은 상당히 높았다. 유럽의 '유로콥터'현 에어버스 헬리콥터스의 쿠거 헬기AS532 원형을 가져와 한국화하는 방향으로 진행했기 때문에 핵심 기술 확보가 어려웠다. 유로콥터로부터 설계, 기술 이전을 받기로 했지만, '고객'이 자체 헬기를 만들겠다고 나선만큼 핵심 기술 이전을 꺼린 것은 물론이고 눈에 보이지 않는 견제가 많았다.

첫 회전익 개발에 나선 KAI가 부닥친 문제는 '진동'이었다. 고정익 항공기가 엔진의 힘으로 동체에 붙은 날개를 고속 전진시켜 양력을 얻는다면, 헬기와 같은 회전익 항공기는 엔진의 힘으로 로터Rotor·회전자를 돌려서 얻은 양력으로 비행을 한다. 헬기가 진동과의 싸움인 이유다.

천장에서 메인 로터가 빙빙 돌면, 헬기 기체도 따라서 돌려고 하는데 이걸 버티기 위해 꼬리쪽에서도 작은 로터가 별도로 돈다. 여기서 발생하는 진동은 헬기의 안전성과 엔진 수명에도 큰 영향을 미친다. 안인철 수석은 말했다.

"수리온은 초기 전력화 이후에도 진동이 심하다는 평가가 있었다. KAI는 별도 전담팀을 구성해 진동 원인 파악에 나섰고, 결국 헬기의 진동을 제어하는 '능동형 진동 저감장치'AVCS·Active Vibration Control System를 개발해 문제를 해결했다."

헬기에서 양력을 발생시키는 핵심 부품 '메인 로터 블레이드'날개 개발 역시 마찬가지였다. 길이 7.2m, 무게 약 93.5㎏에 달하는 초대형 복합재다. KAI 관계자는 "유로콥터가 핵심 자료를 주지 않는 것은 물론 어렵게 구한 기술 자료마저 보안 부서에서 회수해 가는 등 치밀한 기술 보안 정책을 폈다"고 했다.

실패를 거듭하던 연구원들이 사천 버스터미널 인근의 붕어빵 장수로부터 의외의 용기를 얻었다는 일화가 KAI 사사에 남아 있다. '붕어빵 틀'을 '헬기 날개 틀'과 비슷하게 생각한 한 연구원이 '붕어빵을 성공적으로 굽는 데 얼마나 걸리냐'고 묻자, 붕어빵 장수는 "3개월 정도는 돼야 단팥이 흘러나오지 않는다"고 답했다고 한다. 단순한 얘기였지만 연구원들은 '붕어빵도 그런데 최첨단 헬기 날개를 만들면서 몇 번 실패에 좌절하면 되겠느냐'며 서로 독려했고, 이후 심기일전해 결국 자체 개발에 성공했다. 세계 10번째였다. 향후 비싼 값에 팔 작정을 하던 유럽 기술진이 깜짝 놀랐다.

초도 비행은 2010년 3월 10일에 진행됐다. 사천의 공군 제3훈련비행단에서 수리온이 이륙해 고도 상승을 멈추고 제자리 비행에 들어가자 연구원들은 눈물을 흘리고, 일부는 제자리에서 펄쩍펄쩍 뛰었다. 비행을 마치고 내린 조종사의 목에는 여러 개의 군번줄과 사원증이 수북이 걸려 있었다. 조종사는 "개발에 참여한 직원들이 꼭 성공하라며 걸어준 것"이라고 했다. 이날의 비행은 기체의 비행안정성 점검을 위한 비공개 행사였다. 초도 공개 비행은 2개월 뒤였다. 하지만 한 언론사 기자가 멀리서 비행 장면을 촬영해 특종 보도하면서 방위사업청은 이날의 초도 비행 사실을 공식 발표하게 됐다.

위 사진은 고온챔버 시험 중인 수리온.
아래 사진은 2013년 알래스카 저온 시험을 위해 수리온을 운송하는 모습.

그 해 양산에 착수, 6581억 원을 투입해 수리온 24대를 첫 생산했다. 2012년 12월, 수리온은 육군에 처음 인도됐다. 수리온을 통해 한국은 세계 11번째 헬기 자체 생산국이 됐다.

육군에 인도한 이듬해인 2013년엔 미 알래스카까지 헬기를 공수해 국산 항공기 역사상 첫 해외 저온시험을 수행했다. 수리온은 실내 챔버시험을 통해 영하 32도까지의 운용 능력을 검증받았지만, 국내 기상 환경상 실제 시험은 영하 23도까지가 전부였기 때문이다.

영하 40도의 알래스카에서 실험하기 위해 수리온을 경남 사천에서 분해한 뒤, 인천공항까지 육로로 옮겼다. 대형 수송기에 실린 수리온은 알래스

공중강습 훈련 중인 육군 수리온 기동헬기

카 페어뱅크스까지 약 6,500마일을 이동해 현지에서 재조립하는 과정을 거쳤다.

시험은 성공적이었다. 수리온은 영하 40도 환경의 알래스카에서 12시간 이상 노출한 이후 비행에서 진동, 하중 등 모든 시험 항목을 통과했다. 당시 시험에는 김원규 직장과 안인철 수석 모두 참여했다.

안인철 수석은 "시험 초기였던 1월에 현지의 이상고온 현상 때문에 진행에 어려움이 많았다"면서 "기상 조건이 충족되는 지역을 찾아 북동쪽으로 160여㎞를 이동해 악조건과 위험을 무릅쓰고 결국 시험을 성공적으로 완료했다"고 말했다. 이 시험을 통해 영하 23도가 한계였던 수리온의 운용범

위는 영하 32도까지 확대됐다.

초기엔 '수리 많아 수리온' 별명도

양산 후에도 끝이 아니었다. 육군에 1차 양산기를 납품할 때 지적 사항이 많게는 100건씩 나왔다. 워낙 수리 요구가 많다 보니, '수리온'이란 이름 따라가는 것 아니냐는 놀림도 받았다.

2017년 5월에는 육군이 수리온 헬기를 정비하다 상부 프레임에서 실금을 발견했다. 당시 운용 중이었던 60여 대를 전수 조사하니, 8대에서 같은 부위에 1.2~1.5㎝ 정도의 실금이 발견됐다. 설계 치보다 높은 엔진 진동 때문이었다.

우여곡절 끝에 KAI는 결국 인도 후 하나의 결함도 없는 '100% 무결함 헬기'를 만들어냈다. 육군은 2024년 당초 계획됐던 200여 대를 모두 인수하며 수리온 전력화를 완료했다. 현재 "육군의 항공전력은 수리온 운용 전과 후로 나뉜다고 해도 과언이 아니다"라는 말이 나올 만큼 호평을 받고 있다.

수리온은 한 플랫폼으로 여러 종류의 헬기를 만들 수 있는 '확장성'이 강점이다. KAI는 육군 의무후송헬기 메디온와 해병대의 상륙기동헬기 마린온도 개발을 완료해 전력화했다. 관용시장에서는 경찰 헬기 '참수리'를 시작으로 해양경찰, 소방, 산림 헬기를 순차적으로 개발해 납품하고 있다.

KAI는 수리온에 이어 국내 기술로 개발한 두번째 헬기인 소형무장헬기 LAH '미르온'을 2024년말 육군에 인도했다. 순우리말로 '용'을 뜻하는 '미르'를 이름에 붙였다.

KAI는 중형 무장헬기인 해병대 상륙공격헬기 MAH도 개발 중이다. 수리온 기반 해병대 상륙기동헬기 '마린온' 기반에, 무장헬기 미르온에서 입증된

수리온의 플레어(열추적 교란탄) 발사 시험 모습.

항전장비와 무기를 적용한 헬기다. 또 기뢰수중 폭탄를 탐지, 제거하는 해군 소해헬기MCH 개발도 진행 중이다.

산불 진화 주역, 수리온

수리온은 군 주요 전력인 동시에 '산불 진화'에서도 톡톡한 역할을 수행하고 있다. 2019년 강원도 고성 지역의 대형산불 진화 작전시 유일하게 야간에 투입돼 신속하게 산불 진화에 나서며 주목받았다. 2025년 대구, 경북 산불 현장에도 출동했다. 현재 산림청이 보유한 헬기는 러시아제 등 50대지만 첨단 항법, 항전항공 전자 장비를 갖춰 야간 산불 진화가 가능한 것은 수리온3대이 유일하다.

산림청의 주력 산불진화 헬기는 3t톤의 물탱크를 장착한 러시아제 KA-32다. 실질 담수량은 2.5t에 달한다. 담수량이 2t인 수리온보다 우위다. 다만 담수시 속도제한이 80노트kts로 수리온130노트보다 제한되고, 야간 진화 임무가 불가능하다는 단점이 있다. 또 러시아-우크라이나 전쟁으로 정비에 필요한 수리부속, 예비품 보급이 불가능한 상황까지 벌어지며 수리온의 강점이 더 주목받기 시작했다.

2025년 9월, 산림청은 수리온 산불진화 헬기 4대를 추가 구매하는 1312억 원 규모의 계약을 체결했다. KAI는 수리온의 물탱크를 2.5t으로 늘리기로 했다.

도서 지역 인명사고 대응에서도 수리온은 활약하고 있다. 통상 섬 지역은 기상이 좋지않아 항공기 투입이 어려운데, 수리온은 최신 항법 장비를 장착하고 있어 악천후에도 임무 수행이 가능하기 때문이다.

내수를 넘어 해외 시장으로

수리온의 과제는 성능 개선과 시장 확대다. 2012년말 전력화된 수리온은 2030년대 초중반을 목표로 성능개량을 준비 중이다. '주 기어박스'와 '자동비행조종장치'의 국산화, 첨단 항전 장비 개발 등이 주요 과제다. 수리온의 현재 국산화율은 65% 수준 2025년 기준이지만 2030년까지 국산화율을 70%대 후반까지 높이는 것이 목표다.

수리온은 국산임에도 불구하고 오히려 한국에서 배제되는 경우가 많았다. 오성근 KAI 홍보팀장은 "처음에 군용으로 개발하다 보니, 이미 외산 헬기 중심으로 구축돼 있는 관용 시장에 들어갈 때 벽이 상당히 높았다"고 했다. 성능이 검증된 외산 헬기에 비해 수리온은 신생 모델이었고, 또 이미 기존 기종에 익숙해져 있는 조종사와 정비사들도 수리온을 탐탁치 않아하는 경우가 많았다.

그런 어려움을 뚫고 현재 120여 대의 국내 관용 헬기 가운데 수리온은 39대 2025년 9월 기준가 됐다. KAI 관계자는 "국내 관용 헬기 시장에서 노후 외산을 대체해 50% 이상 점유율을 확보하는 것이 목표"라고 했다.

해외 시장도 적극적으로 두드리고 있다. 2024년말 첫 수출에 성공한 수리온은 중동·동남아를 중심으로 추가 수출을 타진 중이다. 수리온의 '확장성'이 수출 협상의 주요 포인트라고 한다. 만약 수입국이 KAI의 기동 헬기와 소방용 헬기를 구매하면 같은 기종인만큼 부품을 저렴하게 교체할 수 있고 조종사 교육 비용도 적게 들기 때문이다.

'K방산' 경쟁력의 원천인 높은 품질과 빠른 납기 등도 수리온을 돋보이게 하는 요인이다. 한국형 헬기 수리온은 'K방산'에서 항공기 분야의 새로운 역사를 계속 써나가고 있다.

• 조선일보 박순찬 기자

| FOCUS | K방산의 뉴리더

한국의 록히드마틴을 만든다

김동관 한화 부회장

한화는 '한국의 록히드마틴'을 꿈꾸는 기업이다. 한화에어로스페이스, 한화오션, 한화시스템의 방산 3사를 통해 지상 무기와 항공 무기는 물론, 조선업을 기반으로 한 해양 전력, 그리그 미래 사업이 될 수 있는 IT 기반 첨단 감시·정찰, 지휘통제 및 통신, 정밀 타격 등의 분야까지 아우른다. 특히 여기에 더해 세계 최고·최대 방산 시장 중 한 곳인 미국 진출을 가장 적극적으로 추진한다.

2025년 한·미 관세 협상을 통해 출범한 '한·미 조선 협력 마스가'MASGA·미국 조선업을 다시 위대하게 프로젝트의 대표 기업으로도 주목받는다. 최전선에서 이를 주도·설계하고 있는 것이 김동관 부회장이다.

3대의 방산 꿈

대를 이어 내려오는 한화의 방산에 대한 꿈을 김동관 부회장이 완성시킬 수 있을지에 대해 재계는 주목하고 있다.

김동관 부회장의 아버지인 김승연 회장은 2000년대 초 다연장 로켓 체계 '천무'의 한화 주도 개발을 이끌었다. 당시 우리 방산은 정부가 예산을 대고, 필요한 성능을 제시하면 기업이 이를 수주해 개발하는 구조였다. 하지만 김승연 회장은 자체 개발이 실패하면 수백억 원의 비용이 매몰될 수 있는데도 단호하게 기술 개발을 지시했다고 한다. "자주국방을 위한 기술은 반드시 국산화가 필요하다. 실패하더라도 기술은 남는다. 그것이 기업이 국가에 보답하는 길이다."라고 했다는 것이다.

이런 마음은 김승연 회장의 아버지인 한화그룹 창업주 현암 김종희 회장이 1952년 10월 한국화약주식회사를 설립하면서 산업용 화약이 국가 재건의 핵심이라 믿고 키운 '사업보국'과도 맞닿아 있다고 한다.

김승연 회장의 각오는 2014년 삼성그룹의 방산 계열사인 삼성테크윈과 삼성탈레스를 인수하는 것으로 이어진다. 이 선택은 결과적으로 한화 '방산 굴기'의 사실상 시작이었다.

예컨대, 세계 시장에서 베스트셀러로 우뚝 선 K9 자주포 역시 삼성그룹에서 비롯됐지만 한화에서 더욱 꽃을 피운 무기다. 기존 한화의 방산 역량에 삼성테크윈 등의 인재들이 융합하면서 한 단계 더 성장한 것이란 평가다.

김동관 부회장은 이를 이어받아 한화의 방위산업을 다음 단계로 이끌어 가고 있다. 1983년생인 그는 미국 하버드대 정치학과를 졸업하고, 대한민국 공군 통역 장교로 병역을 마쳤다. 2010년 한화그룹 기획실 차장으로 입사하면서 회사 일을 배웠다.

그가 본격적으로 전면에 나서기 시작한 것은 2019~2020년 전후로 본다. 2019년 ㈜한화 전략 부문장 및 한화솔루션 전략 부문장 부사장을 맡은 데 이어 2020년 한화솔루션 대표이사 및 사장을 맡으며 보폭을 넓힌 때다.

대중 앞에 스스로를 드러내지 않지만 재계에서 그는 합리적이고 절제된 언행으로 신망을 얻는 인물로 알려져 있다. 특히 운동을 하며 자기 관리하는 일부 개인적인 시간을 제외하고 비즈니스에 전력 투구한다. 회사 직원들에게 대부분 존대를 하며 예의 바르면서도 에두르지 않고 핵심을 찌르는 질문을 하거나 명료한 보고를 선호하는 리더다. 각종 행사에 참석할 때도 허례허식이나 과도한 의전 등을 기피하는 것으로도 유명하다.

'마스가 프로젝트'의 대표 기업

김동관 부회장이 한화에서 결단 내린 많은 사안 중 2025년 현재 가장 탁월한 결정으로 평가받는 것 중 하나가 2023년 대우조선해양 인수다. 지금의

2025년 8월 김동관 한화그룹 부회장이 미국 필라델피아 한화필리조선소에서 열린 선박 명명식에서 이재명 대통령, 조쉬 샤피로 펜실베니아 주지사 등이 참석한 가운데 환영사를 하고 있다.

한화오션의 시작이다.

그는 인수 직후 한화오션에 직접 '기타 비상무 이사'로 참여해 경영 정상화를 주도했다. 이미 2008년에 한화는 대우조선해양 인수에 나섰다가 당시 글로벌 금융 위기 여파로 실패한 적이 있었다. 그래서 아버지의 첫 시도를 15년 뒤 아들이 마침내 성공시켰다는 평가가 나왔다.

김동관 부회장은 LNG 운반선 등 고부가가치 선박 수주를 확대하고, 과감한 생산 효율화와 구조 개편을 추진했다. 인수 후 얼마 지나지 않아, 2023년 3분기 한화오션은 12분기 만의 흑자 전환에 성공했다. 그리고 2025년 2분기 매출 3조 2941억 원, 영업이익 3717억 원으로 전년 대비 30% 이상 성장했다.

그리고 2025년 여름, 한화오션은 한미 관세 협상에서 등장한 '마스가 프로젝트'의 대표 기업이 된다. 김 부회장 주도로 2024년 인수한 미국 펠라델피아의 필리조선소가 중심이 되면서다.

한화오션은 그간 축적한 LNG 운반선·군수 지원함·잠수함 기술력을 바탕으로 미국 현지 시장 진출을 노리고 있었다. 특히 2024년 한국 조선사 중 처음으로 미 해군 7함대 소속 군수 지원함 '월리 시라'Wally Schirra호의 MRO유지·보수·정비 사업을 수주해 기회를 잡기도 했다. 2025년 3월, 이 낡은 배를 완벽하게 수리해 다시 작전에 투입되게 하면서 미국으로부터 한국 조선업의 역량을 인정받은 것이다.

이와 함께 미국의 조선업 부흥이란 시대적 과제가 절묘하게 맞물리면서, 한화는 미국이 필요로 하는 한국의 제조업 역량을 보여줄 수 있는 대표 기업이 됐다. 2025년 10월 말, 미국 도널드 트럼프 대통령이 한국의 핵잠수함 보유에 원칙적으로 동의한 뒤 "한국의 핵 추진 잠수함은 필리조선소에서 건조할 것"이라고 말할 정도로 전략적으로 중요한 평가를 받는다.

특히 한화는 마스가 프로젝트 출범 후인 2025년 8월에는 50억 달러 규모의 투자 계획도 발표했다. 기존 연간 1척에 불과했던 미국 필리조선소의 생산 능력을 20척 이상으로 끌어올리고, 신규 도크·안벽·블록 조립 설비를 확충하는 청사진을 제시한 것이다. 당시 김동관 부회장은 "한화는 미국 조선 산업의 새로운 장을 함께 열어갈 든든한 파트너가 될 것"이라며 "미국 조선업을 다시 위대하게 만드는 데 중추적 역할을 하겠다"고 밝혔다.

한화는 필리조선소를 통해 상선은 물론 미국 군함 시장 진출도 노린다. 조선업계에서는 한화가 미국 군함을 만들고, 거기에 장착되는 주요 무기 체계도 함께 수출하면서 미국 시장을 정면 겨냥하는 전략을 짜고 있다고 분석한다. 그리고 이 전략의 설계자가 김동관 부회장이라는 것이다.

처음부터 글로벌을 노렸다

아버지 김승연 회장의 '기술 보유'란 철학에 김동관 부회장은 '글로벌 진출'이란 비전을 더했다. 한국 방산 기업들은 오랜 기간 우리 군이 주문하는 수요에 맞추며 내수 중심으로 활동해 왔다. 하지만 김 부회장은 처음부터 시선이 세계로 가 있었다고 한다.

본인이 직접 해외 현장을 찾아 각 나라의 군이나 정부의 최고 의사 결정권자를 만나 설득하며 K9 자주포, 천무 등 핵심 무기 수출을 뚫었다. 대표적인 사례가 2021년 성사시킨 3조 원 규모 호주 레드백 장갑차 수출이다. 방산 역사의 한 획을 그었다. 한국 육군 주력 보병전투장갑차 K-21의 핵심 기술을 바탕으로 호주 군 입맛에 맞게 현지화했기 때문이다. K방산이 앞세우는 무기의 현지화 전략이 본격화되는 결정적 시점 중 하나로 평가받는다.

그 밖에 한화는 미국에서 군함 건조를 하고 있는 호주 기업 오스탈에 대해 2025년 지분 약 10%를 확보했다. 미국 시장 저변을 더 넓히기 위한 전략적 시도로, 10%를 더 확보해 오스탈 1대 주주로 경영에 참여하는 것을 추진 중이다. 2025년 현재 한화는 또 수조 원 규모로 추정되는 미 육군의 '자주포 현대화 사업'을 겨냥해 K9 자주포의 미국 수출에도 도전 중이다.

인재 영입도 시선이 세계를 향해 있다. 지난 10월, 한화는 미 해군 함정 사업 총책임자를 지낸 톰 앤더슨 전 미 해군 소장을 영입해 미 군함 수주전에도 대비하고 있다. 한화에어로스페이스는 2024년 한국 방산 업계 최초로 외국인 CEO최고경영자로 마이클 쿨터 대표이사 사장을 영입했다. 미 국무부와 국방부, 글로벌 방산 기업 제너럴다이내믹스와 레오나르도 DRS 등에서 경력을 쌓은 인물로, 역시 글로벌 시장을 겨냥한 조치였다.

미래 전략 역시 마찬가지다. 그는 2021년 한화에어로스페이스에 '스페이스허브팀'을 출범시키고, 자신이 직접 팀장을 맡았다. 한화그룹 여러 회사에 흩어졌던 우주산업 핵심 기술을 한데 모아 관련 역량을 끌어올리겠다는 것이다. 당시 그는 "엔지니어들과 함께 우주로 가는 지름길을 밟겠다"는 포부를 내놨다.

2025년 현재 40대 중반에 불과한 김동관 부회장이 세계의 어떤 지점까지 한화를 이끌어갈지 주목하는 이가 많다.

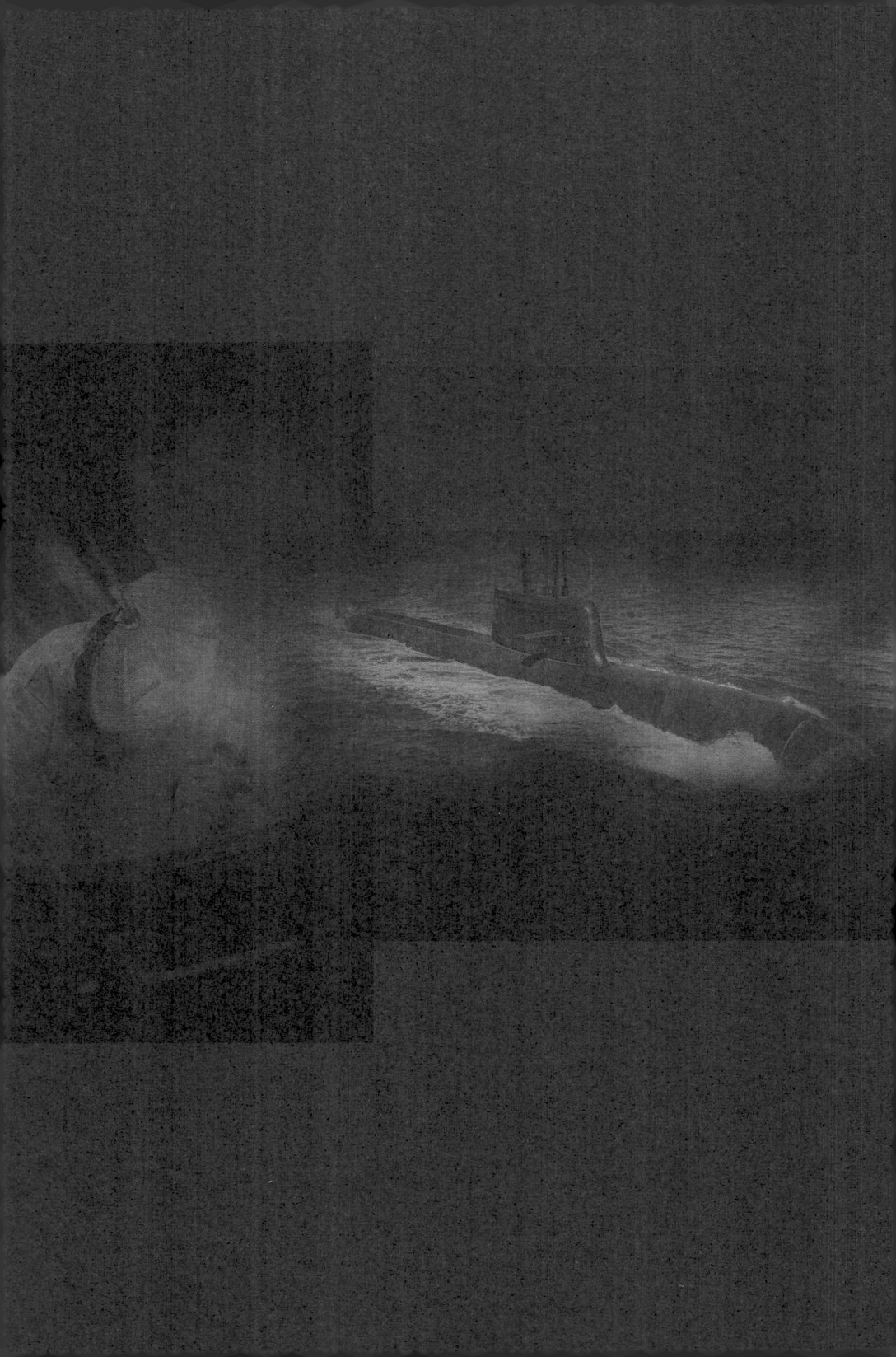

PART 3.

마스가MASGA, 그리고
잠수함 강국을 만든 사람들

2025년 타결된 한·미 관세 협상의 '키'는 조선업이었다. 한국 정부는 우리 기술로 미국 조선업 재건을 돕겠다는 '마스가MASGA·미국 조선업을 다시 위대하게 프로젝트'를 제안하며 관세 협상의 실마리를 잡았다. 미국은 세계 최강의 해군력을 자랑하지만, 최근에는 인력 부족 등의 문제로 낡은 함정을 유지, 보수하는 것조차 어려워진 상황이었다. 이 틈을 우리 정부가 파고들었고, 결과는 주효했다. 그리고 이 마스가 카드의 뒤에 'K함정의 오늘'을 만든 사람들이 있었다. 이들이 반세기 동안 조선소 곳곳에서 구축함, 호위함, 잠수함 등을 만들며 쌓아온 기술력이 미국의 믿음을 사는 결정적 해답이 됐다.

한국의 첫 이지스함 '세종대왕함'

취역	2008년 12월
무게	약 7650톤
길이	165.9m
폭	21.4m
속도	최대 30노트(시속 55.5km)
무장	다기능 위상배열 레이더, 미사일 수직 발사 시스템, 함포 통제 시스템, 홍상어 대잠 미사일 등

| 10장 |

한국형 이지스함 이끈
함정 전문가

김정환
전 HD현대중공업 사장

2025년 11월 15일, 미국 해군의 대릴 커들 참모총장은 HD현대중공업 울산조선소, 한화오션 거제조선소를 잇달아 방문했다. 한·미 조선 협력 '마스가' 프로젝트 본격 가동을 앞두고 한국의 역량을 직접 확인하기 위해서였다. 미국뿐만 아니다. 캐나다, 인도 등 해군력 증강을 원하는 세계 각국이 한국을 주목하고 있다. 우리나라가 지난 반세기 동안 쌓아온 K함정 기술력이 빛을 발하고 있는 것이다. 그 역사의 최전선에 서 있었던 김정환 HD현대중공업 전 사장을 만났다.

◈ "우리나라 군함은 2차 대전 때 미군이 쓰다 넘긴 고물 함정뿐입니다. 여기 계신 학생 여러분은 다 똑똑한 사람들인데, 언젠가 여러분 중 누군가 꼭 우리 군함을 만들어주면 좋겠습니다."

1971년 해군사관학교 견학을 간 경기고 2학년 김정환은 한 생도로부터 이런 말을 듣고 함정 개발의 꿈을 꿨다. 1977년 현대중공업에 입사해 "호황인 상선 사업부로 오라"는 선배들의 권유에도 불구하고 35년간 함정 외길만 팠다. 그런 그의 손끝에서 1980년 첫 국내 개발 전투함인 울산함이 탄생했고, 2008년에는 국산 이지스 구축함인 세종대왕함이 세상에 나왔다. 이후 그는 2012년 엔진기계사업본부장을 거쳐, 2014년 상선과 특수선을 총괄하는 조선사업 대표사장에 올랐고, 2016년 퇴사했다.

2024년 10월 31일 아침, 서울 종로구 계동 현대빌딩에서 김정환 전 HD현대중공업 사장을 만났다. 과거의 순간을 이야기하는 눈은 때때로 소년처럼 빛났다. 그 속엔 평생의 업業에 대한 자부심뿐 아니라 한국 함정의 성장사가 고스란히 녹아 있었다.

K함정의 시작, 울산함

김정환 전 사장이 현대중공업 특수선 사업부에 첫발을 내디딘 것은 1977년 겨울. 서울대 조선공학과를 졸업하고 5년 복무 방산 특례요원으로 막 회사에 합류한 참이었다. 당시 현대중공업은 한국의 첫 국산 전투함인 울산함 시제 업체로 선정돼 본격적인 설계를 앞두고 있었다. 김 전 사장은 입사하자마자 이 울산함 설계에 곧바로 투입됐다.

울산함 이전까지 우리나라는 1000t 이상의 함정을 만들어본 경험이 전무했다. 100~300t 규모의 소형 경비정을 설계·건조해본 게 고작이었을 때였

1980년 12월 울산함 인도식 모습.

다. 우선 함정의 사양과 표준부터 만들어야 했다. 김 전 사장은 "미 해군의 표준 사양서를 입수해 우리 기술진이 밤새 하나하나 번역하며 이를 울산함에 적용할 방법을 수도 없이 고민했다"고 했다.

함정 무게를 추산하고 무게 중심을 맞추는 일부터 추진시스템을 설계하는 일까지 모든 과정이 난관이었다. 군함은 안이 텅 비어 있는 일반 상선과는 달리 각종 군용 장비로 90% 가량이 채워진다. 따라서 함정의 안정성을 맞추는 작업이 필수다. 설계팀은 컴퓨터에 각종 장비 무게를 계산해 넣고 시뮬레이션을 돌리며 장비를 이쪽 저쪽으로 옮기는 과정을 반복했다.

국내에서 처음 해보는 첨단 복합 추진 체계를 설치·운용하기 위해 설계와 설치, 사용 방법이 담긴 두꺼운 책 여섯 권을 해외업체로부터 받아들고는 밤새 적용 방식을 연구했다.

설계를 끝마치자 "대한민국에 너만큼 잘 아는 사람은 없으니 네가 생산 현장에 가서 설치까지 책임져라"라는 지시가 떨어졌다. 곧바로 현장 직원들과 밤낮 없는 설치 작업을 이어갔다. 그는 "온종일 용접 연기 속에서 살다 보니 저녁에 기숙사에 들어가면 콧물이 새까맣게 나오곤 했다"고 회고했다.

시험 운전 땐 "네가 설계하고 설치까지 했으니 시험 운전도 해야 하지 않겠느냐"는 말에 조종간을 잡고 바다로 나섰다. 배가 바다에 뜰 수나 있을지 걱정하며 초조해했던 것이 무색하게, 울산함은 첫 항해에서부터 제대로 속도를 내고, 정확히 앞을 향해 나아갔다.

울산함이 공식적으로 현대중공업을 떠나 해군으로 향한 건 1980년 12월 30일이었다. 보통 함정은 바다에 띄우는 진수, 해군에 넘기는 인도, 해군이 본격적으로 운용을 시작하는 취역 단계를 거친다. 인도식에선 해군 승조원들이 배 앞에 일렬로 서서 배를 만든 조선소 직원들에게 고마움을 표했다. 김 전 사장은 그 순간의 장면과 감정을 여전히 또렷하게 기억한다고 했다.

"배를 만들며 해군과 의견이 안 맞아 싸우기도 하고, 또 그만큼 고생도 같이 했으니 그 순간에 딱 눈물이 났습니다. 그때 처음으로 '함정을 만드는 작업이 참 멋있는 일이구나' 하는 생각이 들었거든요."

한국형 구축함의 꿈

이후 김정환 전 사장은 본격적으로 함정 개발에 몸을 담기로 했다. 서울대 출신 선배들이 "상선 사업부로 오라"고 수차례 권유하기도 했지만 그의 대답은 하나였다. 그는 "운 좋게 울산함 개발에 참여하는 기회를 얻게 된 덕에 함정 개발의 재미를 알게 됐고, 무사히 울산함을 해군으로 보내면서 자신감도 생긴 상태였다"고 했다. 무엇보다 고등학생 때 들었던 해군 생도의 말, "우리 함정을 만들어 달라"는 부탁이 여전히 뇌리에 굳게 박혀있었다.

그즈음 현대중공업은 우리 해군의 낡은 배를 국산화하는 작업에 돌입했다. 미국에서 양도받거나 사 왔던 낡은 배를 하나 둘 우리가 건조한 배로 바꿔나가기 시작한 것이다.

그렇게 국산화 작업이 진행되고 있던 1990년대, 이번엔 해군에서 "기존의 배를 바꾸기만 할 것이 아니라 더 큰 함정을 만들어보면 어떻겠는가"하는 이야기가 나왔다. 이는 곧 한국형 구축함 'KDX' 사업으로 이어졌다. 우리나라 자체 기술로 현대적이고, 또 대양 해군에 적합한 구축함을 단계적으로 도입하는 프로젝트였다. 이 프로젝트는 KDX-I광개토대왕급 구축함, KDX-II충무공이순신급 구축함, KDX-III Batch-I세종대왕급 구축함을 지나, 현재 KDX-III

Batch-II정조대왕급 구축함 단계에 다다랐다. HD현대중공업이 설계와 건조를 맡아 2022년 1번함인 정조대왕함, 2025년 2번함인 다산정약용함을 진수했고, 2025년 12월 현재 3번함을 건조 중이다.

화두는 생존성

현대중공업이 1990년대 후반 KDX-II 기본 설계를 할 당시, 김정환 전 사장은 해외에서 열리는 온갖 학회와 전시회, 해외 설계사무소까지 발품을 팔며 찾아다녔다. 목적은 단 하나, 최신 기술을 파악해 미국 같은 함정 선진국에 뒤처지지 않는 배를 만드는 것이었다. 김 전 사장은 "보통 군에서 특정 함정이 필요하다고 요청하면 설계를 거쳐 실제 취역하기까지 10년이 걸린다"며 "바다에 떠다니는 다른 나라 함정을 참고해 설계하면 기능이 10년은 뒤처지게 되는 셈"이라고 했다. 그는 해외 전문가를 만나며 "요즘은 어떤 배를 설계 중이냐" "앞으로 5년 뒤에 어떤 배를 만들 거냐" 묻고 또 물었다.

당시 김 전 사장이 눈여겨본 함정의 미래는 생존성이었다. 적으로부터 함정을 지키고 생존한다는 개념으로, 이를 위해선 스텔스은폐 기능 도입이 필수라고 생각했다.

스텔스는 함정이 최대한 적에게 발견되지 않게 만드는 기능이다. 보통 적의 레이더에 잘 걸리지 않는 특수 재료를 쓰거나, 배의 디자인을 바꿔 적이 바라봤을 때 배를 실물보다 작아 보이게 만들거나, 혹은 배에서 나는 열이나 소음을 줄여 적이 찾아내지 못하게 하는 기술을 쓴다.

"핵심은 상대편에게 배가 안 보이거나 조그맣게 보이게 만드는 겁니다. 예를 들어 우리 함정은 스텔스 기능이 없는데, 적군 함정은 있다고 생각해

보세요. 우리는 상대 함정을 5㎞ 가까이 다가가야 볼 수 있는데, 상대방은 100㎞ 밖에서도 우리 함정이 보이는 겁니다. 그럼 우리가 적 함정을 발견하기도 전에 미사일이 날아와서 맞게 되겠죠."

스텔스는 당시 우리나라에선 한 번도 적용해보지 않은 기능이었다. 김 전 사장은 전 세계를 다니며 스텔스 도입에 도움을 줄 곳을 찾았고, 최종적으로 미국 업체와 계약을 맺었다. 그는 그 업체와 계약하며 "한국 연구소나 대학과 함께 만들어야 한다"는 조항도 넣었다고 한다. 스텔스 기능이 보편화할 거라고 보고 기술 이전이 중요하다고 생각한 것이다.

스텔스는 그렇게 처음으로 한국 함정에 적용됐고, 이후 나올 함정들의 표준이 되었다. 한 번도 해보지 않았기에 누구도 확신하지 못하던 일에, 누군가는 스텔스가 표준이 되리라는 걸 확신했고, '맨땅에 헤딩'식으로 부딪혔고, 그 노력이 출발점이 돼 지금의 기술력을 확보한 셈이다.

사용료 700억 원 대신 독자 설계

KDX-II 프로젝트가 한창 진행되고 있던 중, 현대중공업은 이지스구축함인 KDX-III 설계에 들어갔다. 이지스함은 미 해군이 함대 방어용으로 만든 '이지스 시스템'을 탑재한 함정을 뜻한다. 강력한 레이더로 1,000㎞ 떨어진 거리에서도 적 항공기나 미사일을 발견해 요격할 수 있어 '꿈의 함정', '신의 방패'로 불린다.

우리나라의 첫 이지스함인 세종대왕함은 2007년 진수, 2008년 취역하며 모습을 드러냈다. 미국·일본·스페인·노르웨이에 이어 세계에서 다섯 번째였다.

국내에서 우리 힘으로 이지스함을 만들어보자는 논의가 시작됐을 때, 이지스 시스템을 보유한 미국 록히드마틴에서 설계도를 사 와 그대로 건조만 할지, 우리가 직접 설계할지를 두고 논쟁이 벌어졌다. 도면 구매 가격은 5000만 달러약 700억 원. "굳이 위험을 감수하지 말고 사오는 게 안전하다"는 의견도 많았다. 그러나 김정환 전 사장은 "호위함, 잠수함, 구축함까지 만든 기술력으로 이지스함도 충분히 설계할 수 있다"고 회사를 설득했다. 이지스 시스템은 인체로 비유하면 일종의 두뇌다. 이 두뇌는 가져오되 손과 발이 될 무기·장비, 이를 잇는 신경망은 국내에서 만들기로 한 것이다. 김 전 사장은 "미국의 설계 도면을 쓰면 함정에 배치할 무기까지 모두 미국 것을 따라 써야 하지만, 자체 설계하면 우리가 원하는 대로 쓸 수 있다"고 했다.

실제로 세종대왕함 주요 장비 120여 종 가운데 미사일 수직 발사대 등 90여 종이 국산품이다. 함대지 크루즈미사일 '해룡', 함대함 유도탄 '해성', 대잠 미사일 '홍상어' 등 국산 무기도 대거 탑재했다.

이지스함에 국산 무기를 비롯해 서로 다른 업체의 무기가 호환되도록 하는 데는 난관이 많았다. 김 전 사장은 "쉽게 말하면 영어를 하는 장비와 한국어를 하는 무기를 연동하기 위해 둘이 통하는 언어를 가르치거나, 혹은 통역을 둬야 했던 것"이라고 했다.

회의실 칠판에 레이더, 미사일, 소나 등 연결해야 하는 장비를 쭉 적어놓고 '이것과 저것이 부딪히면 어떻게 해야 하나' 고민하며 하나하나 해결해 나갔다. "왜 우리가 맞춰야 하느냐", "바꿔줄 테니 그럼 돈을 더 달라"는 장비 공급 업체들을 수없이 오가며 연동 체계를 조율하기도 했다.

막바지 연동 작업을 할 때는 미국으로 건너가 록히드마틴 기술진과 매일 회의를 했다. 김 전 사장은 "회의 직후 한국 본사로 '이렇게 만들어달라'는 요청을 담은 이메일을 보내면 한국에선 하루 만에 3D모델 형태로 수정 작업을 해 즉시 보내줬다"고 회상했다. 미국 시각으로 밤, 한국 시각으로 낮인 12시간 동안 현대중공업 기술진이 치열하게 작업해 미국에 가 있는 동료가 매일 수정된 결과물을 받아볼 수 있게 만들어준 것이다. 그렇게 하루 만에 수정된 부분을 들고 회의에 들어가면 록히드마틴에선 '다른 나라는 한 달 후에나 답이 온다'며 놀라곤 했다. 실제로 보통 두세 달은 걸리는 막바지 연동 작업을 현대중공업은 일주일 만에 끝냈다.

밀리언 마일러

우리나라 첫 이지스함인 세종대왕함에는 배의 일부가 폭발해도 가라앉지 않는 폭발 강화 격벽 기능도 들어가 있다. 이 역시 발품의 산물로, 당시 막 취역한 함정에만 반영된 최신 기능이었다. 김정환 전 사장은 "2001년쯤에 미국 설계 회사에 갔더니 '요즘 트렌드는 단순히 포에 안 맞는 게 아니라 맞아도 안 가라앉게 하는 것'이라고 하더라"고 했다. 미사일 성능이 날로 발전해 예전처럼 '맞고도 뚫리지 않는다'가 불가능해지자, 함정에 폭발을 견딜 수 있는 격벽을 설치해 한쪽이 어뢰를 맞더라도 함정 전체로 피해가 번지지 않도록 할 필요성이 커진 것이다.

그는 "물론 어떤 설계 회사도 어떤 미사일을, 얼마나 견딜 정도여야 하는지 같은 세부 사항은 가르쳐 주지 않았기 때문에 한국으로 돌아와 기준부터 만들기 시작했다"고 했다.

우리나라 함정에 미사일을 쏠 가능성이 있는 나라는 어디인가? 그들이 가진 미사일은 무엇이고 어떤 무기를 발사할 확률이 가장 높은가? 만약 포에 맞는다면 우리 함정은 언제까지 견딜 수 있어야 하는가? 김 전 사장과 현

대중공업 기술진은 이런 위협 요소를 분석해 가며 우리나라를 공격할 가능성 있는 나라들의 무기를 연구해 우리나라 함정에 맞는 기준을 만들고, 이에 기초해 폭발을 견디는 기능을 넣었다.

김 전 사장은 스텔스 기능과 폭발 강화 격벽을 언급하며 제대로 된 함정을 만들려면 꾸준히 해외를 돌아다니며 최신 기술을 접해야 한다고 강조했다. 진짜 기술과 트렌드는 잡지 같은 곳에 나오지도 않고, 누군가 먼저 가르쳐주지도 않는다는 것이다. 김 전 사장은 항공사 마일리지가 '밀리언 마일'이 훌쩍 넘도록 전 세계를 다니면서 기술과 트렌드를 찾아다녔다.

"계속 찾아가고 만나야 합니다. 그러면 처음에는 아무 말을 안 해주더라도, 몇 개월 있다가 다시 찾아가서 '요즘 뭐하냐' 물어보면 슬쩍 이야기해주는 거죠. 저는 요새도 우리 회사 중역들을 만나면 '엔지니어들을 계속 해외로 보내라'고 말합니다. 외국 전문가들, 외국 업체 사람들과 친근감도 쌓고 그들이 어떻게 하는지 자주 봐야 좋은 배를 만들 수 있습니다."

성능의 증명

첫 이지스함 세종대왕함은 2008년 해군으로 인도된 후 곳곳에서 활약하며 성능을 증명해 나갔다. 2010년 7월, 하와이 인근 해역에서 벌어진 환태평양훈련RIMPAC·림팩도 그런 증명의 장이었다.

당시 우리나라를 포함해 세계 7개국, 함정 19척이 모여든 이 훈련에서 세종대왕함은 '탑건함' 명칭을 받았다. 7.2km 떨어진 표적을 향해 각국 함정이 5인치 함포를 5발씩 쏘는 대회가 열렸는데, 훈련에 처음으로 참가한 세종대왕함이 우승자가 된 것이다. 표적 3mm 안으로만 맞추면 성공인데, 세종대왕함은 0.5mm 이내로 맞출 정도로 성능이 뛰어났다고 한다.

이는 이지스 체계에서 무기를 비롯한 각 시스템의 연동이 그만큼 잘 되어 있었기 때문에 가능한 일이었다. 김정환 전 사장은 "당시 미 해군 이지스함 함장이 우리 세종대왕함을 돌아보곤 '우리 배 2대를 줄 테니 그쪽 배 한 대와 맞바꾸자'고 농담을 할 정도였다"고 했다.

세종대왕함은 북한 탄도탄 추격용으로도 그 실력을 발휘했다. 2012년 12월 12일 오전 9시 49분, 북한이 장거리 로켓 '은하 3호'를 기습적으로 발사했다. 이 로켓을 가장 먼저 포착한 게 바로 서해에서 임무 수행 중이던 세종대왕함이었다. 세종대왕함은 고성능 레이더로 약 9분간 로켓 궤도를 추적했고, 2·3단과 분리된 1단 로켓의 낙하 위치까지 정확히 찾아냈다. 덕분에 우리 군은 바다에 떠 있는 로켓 잔해물을 수거해 분석할 수 있었다. 이지스함의 탐지 능력이 빛을 발한 순간이었다.

이제 K함정은 기술력을 바탕으로 세계로 뻗어나가고 있다. 김 전 사장은 우리나라 함정의 경쟁력으로 고객 맞춤형 설계, 빠른 납기와 합리적인 가격, 그리고 다양한 선택지를 꼽았다. 모두 우리나라의 조선업 경쟁력과 맞물려 있는 장점이다.

특히 다양한 규모의 함정을 건조할 수 있는 능력은 우리나라가 1980년대 울산함부터 꾸준히 함정을 개발, 건즈해오며 축적해온 기술력 덕분이다. 함정을 현대화·국산화하는 과정에서 1200t, 1800t, 3000t, 4500t 등 다양한 크기의 함정을 만들어온 것이 오늘날에 이르러 수출 경쟁력으로 작용하고 있는 것이다.

그는 "사실 대부분의 나라는 미국이나 영국처럼 1만t 넘는 항공모함을 원하는 게 아니라 자기들 나라에 활용할 만한 적당한 크기의 함정을 원한다"며 "그러면서 '한국은 우리가 쓸 만한 적당한 배를 만들 수 있네' 하고 눈

여겨 보고 있다"고 했다.

김 전 사장은 함정 수출 과정에서 해군과 정부가 준 도움에 대해서도 고마움을 표했다. 함정 개발이 방위사업청, 해군, 국방과학연구소ADD 등이 함께해야만 가능한 것처럼, 함정 수출도 원팀이 되어 뛰어야만 할 수 있는 일이라고 했다. 예컨대 수출 전 이뤄지는 시험 운전은 기본적으론 HD현대중공업 같은 민간 업체에서 담당하지만, 이 과정에서 해군의 협조가 절대적으로 필요하다. 그는 힘주어 강조했다.

"함정 수출은 조선소에서 주관하지만 각종 시험 운전과 외국 해군 승조원 훈련 등에 해군, 방위사업청, 국방과학연구소 협력이 필요하고 결국 우리는 다 함께 뛰고 있습니다."

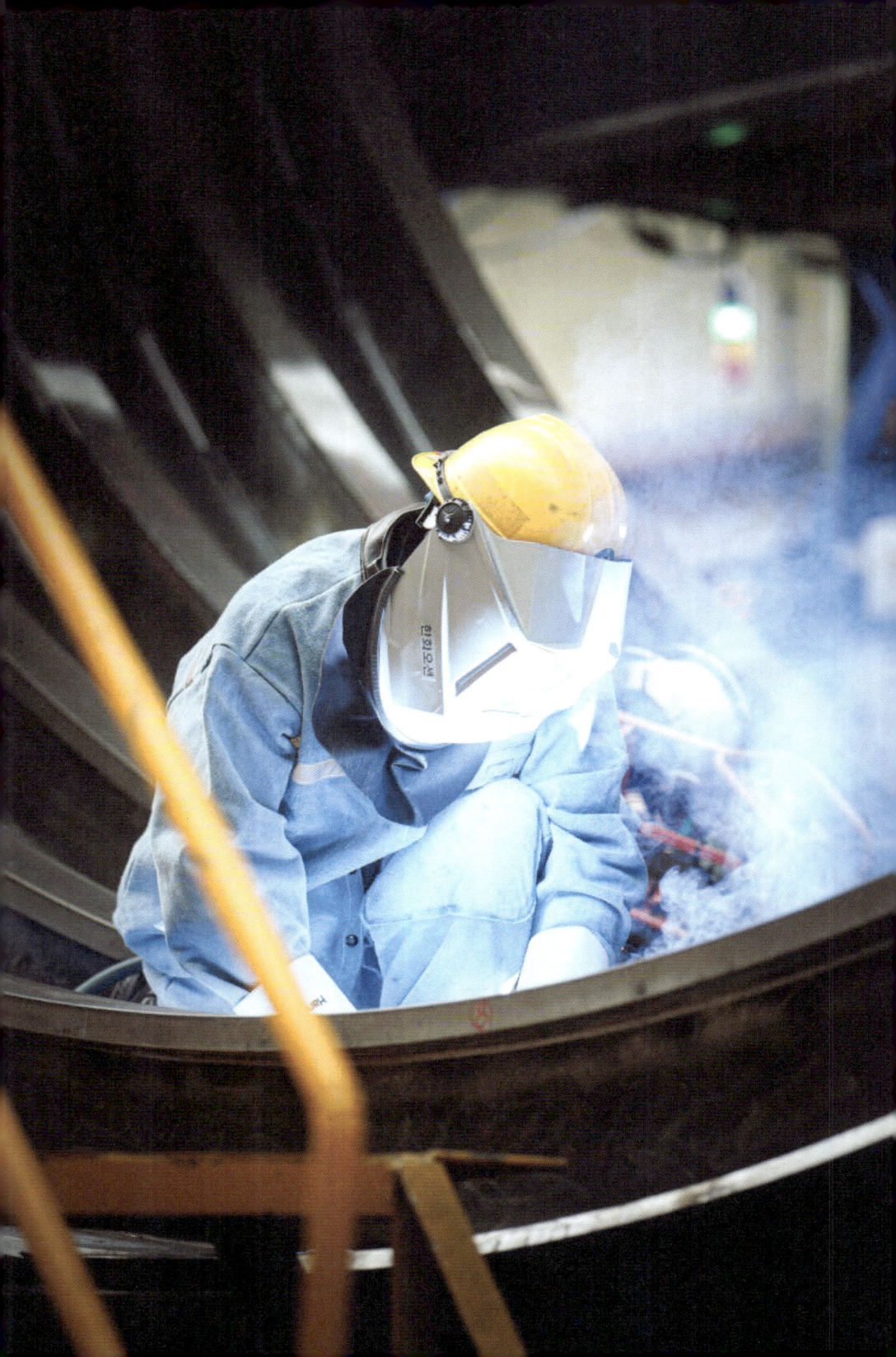

| 11장 |

한 치의 오차도 용납하지 않는
잠수함 용접의 달인

김인득
한화오션 기원

2025년 11월 현재 한국의 한화오션, HD현대중공업 '원팀'은 캐나다의 60조 원 규모 차세대 잠수함 사업 수주에 도전하고 있다. '잠수함 원조'인 독일의 티센크루프 마린시스템스 TKMS와 2파전 경쟁을 벌일 수 있는 원동력은 수십 년 전부터 기초부터 갈고 닦은 제조 경쟁력이다. 대표적인 것 중의 하나가 용접이다.

◈ 잠수함은 현대 해전海戰의 핵심 전력이다. 잠수함을 독자 설계해 건조까지 할 수 있는 나라는 미국, 러시아, 프랑스, 중국, 독일, 일본 등 10여 개국에 불과하다. 필수 전력이지만 쉽게 구할 수 없기 때문에 가격도 비싸다. 2025년 상반기 기준 폴란드가 3000t급 잠수함 3척을 도입하는 데 최대 8조 원 규모의 비용을 지출할 예정으로 알려졌다. 이 시기 캐나다 역시 잠수함 8~12척을 도입하려 하는데 유지·보수 비용까지 포함해 최대 60조 원이 들 것으로 예상한다.

우리나라도 잠수함 제조국으로서 이 시장에 참여해 경쟁한다. 한국은 독자 설계·건조한 '장보고-Ⅲ 배치Ⅰ' 선도함인 도산안창호함이 2021년 취역하며 3000t급 이상 잠수함을 독자 개발한 여덟 번째 국가가 됐다. 한국은 재래식 디젤-전기 방식 추진 잠수함에서는 세계 최고의 기술 수준에 근접했다는 평가를 받는다.

또 2025년 10월 도널드 트럼프 대통령의 승인으로 한국도 한·미 협력을 통해 핵추진 잠수함을 보유할 수 있는 길이 열렸다. 이게 확정되면 원자력 산업과 조선업, 방산이 결합해 새로운 잠수함 생태계가 확장될 것이란 기대감이 있다.

해외 수출도 확대하고 있다. 2011년, 사상 최초로 1400t급 규모 잠수함 3척을 총 11억 달러약 1조 3000억 원에 인도네시아로 수출하는 성과를 올렸다. 1500t급부터 대형급3000t까지 고객이 원하는 다양한 잠수함을 건조할 기술력이 있다는 점도 장점으로 꼽힌다. 2025년 말 현재는 캐나다 잠수함 사업에 도전하고 있다. 세계 잠수함 시장에서 프랑스나발 그룹, 스페인나반티아, 스웨덴사브, 독일TKMS 등 전통 잠수함 업체들과의 치열한 경쟁이 펼쳐질 것으로 예상된다.

장밋빛 예상이 가능한 건 밑바탕에 탄탄한 제조업 기술이 있기 때문이다. 잠수함 두뇌 역할을 하는 첨단 시스템을 만드는 것도 중요하지만, 잠수함 자체를 만드는 밑바탕의 제조 기술 역시 핵심 경쟁력이다.

2025년 10월, 한·미 정상회담에서 도널드 트럼프 대통령이 한국의 핵추진 잠수함 건조를 승인한 후, 한화그룹이 보유한 미국 필리조선소에서 이를 건조하는 방안을 거론한 것도 이 때문이다. 한국의 조선과 방산 제조 역량을 미국에 이식하고 싶어한다는 해석이 많다.

한·미 조선 협력 프로젝트인 마스가MASGA, 미국 조선업을 다시 위대하게 역시 이런 한국의 차별화된 제조역량이 있었기에 출범 가능했다. 이 힘을 탄탄하게 다져온 현장의 영웅들 중 하나가 2025년 3월, 거제 한화오션 조선소에서 만난 김인득 기원技元, 현장 감독직이다.

잠수함은 보통 수심 400m 안팎에서 작전에 투입된다. 이때 보통 표면 1㎡당 400t 안팎의 압력이 생긴다. 그랜저 차량 250대를 모아 쌓아둔 것과 비슷한 힘이 가해지는 셈이다. 그렇기 때문에 선체를 고강도 특수 합금으로 만들어야 하는데, 이를 다루는 기술이 '특수 용접'이다.

2025년 봄, 찾아간 한화오션 거제 조선소에서는 '장보고-Ⅲ 배치-Ⅱ' 잠수함 용접 작업이 한창이었다. 김 기원은 이 분야에서만 36년을 일한 최고 전문가 중 한 명이다.

잠수함 '배치'Batch라니?

장보고-Ⅰ, Ⅱ, Ⅲ는 한국형 잠수함 사업을 구분하는 이름이다. Ⅰ은 1200t급, Ⅱ는 1800t급, Ⅲ는 3000t급 잠수함을 각각 가리킨다. 이 중 장보고-Ⅲ 잠수함에는 이름에 '배치'Batch·묶음를 추가로 붙여 세대별 구분을 한다. 같은 장보고-Ⅲ인 만큼 기본 설계는 유사하지만, 배치-Ⅰ에서 배치-Ⅱ로 올라갈수록 잠수함의 여러 성능도 대폭 향상됐다는 뜻이다.

예컨대 2025년 봄 거제에서 만난 장보고-Ⅲ 배치-Ⅱ는 '장영실함'이란 이름을 받아 2025년 10월에 진수했다. 배치-Ⅱ는 2척이 더 생산될 예정이고, 2027년 말부터 전선에 배치된다.

국방부에 따르면 장영실함은 현존 세계 최고 수준의 디젤 잠수함이다. 장보고-Ⅲ 배치-Ⅰ 1번함인 도산안창호함과 비교해 길이는 89m로 길어지고, 배수톤수 기준 600t이 늘어났다. 안전성이 검증된 리튬이온전지를 탑재해 잠항 시간과 최대 속력으로 항해할 수 있는 시간도 길어졌다.

잠수함은 규모가 클수록 만들기는 어렵지만 더 위력이 강한 무기를 장착할 수 있다는 장점이 있다. 이 잠수함에도 수중에서 지상의 표적을 타격할 수 있는 잠수함탄도미사일 SLBM·Submarine-Launched Ballistic Missile을 여럿 장착해 공격력을 높였다. 이런 3000t급 잠수함을 독자적으로 만들 수 있는 나라는 세계에서 우리나라를 포함해 미국, 중국, 일본, 영국 등 8개국에 그친다.

K잠수함의 향상된 성능에 대한 관심도 뜨겁다. 2024년 4월, 울산에서 장보고-Ⅲ 배치-Ⅰ 3번함인 3000t급 잠수함 '신채호함'을 한국 해군에 인도하는 행사에는 이례적으로 미국, 영국, 호주, 필리핀, 폴란드, 페루 등 9개국 정부 인사 20여 명이 참석해 우리 잠수함의 성능을 지켜봤다.

김인득 기원의 삶 역시 우리 잠수함의 발전과 함께 나아갔다. 김 기원은 고등학교 졸업 직후 19세의 나이로 대우조선해양 직업훈련소 17기로 일을 배우기 시작했다. 넉넉하지 않았던 가정환경 때문에 생계에 보탬이 되기 위해 "힘들지만 일자리가 많다"는 조선소로 왔다. 그때부터 지금까지 한화

한화오션이 만든 장보고-III 배치-I

오션이 만들어온 주요 잠수함 10여 척은 물론, 이지스함 등 다양한 함정 제작에 참여해 왔다. 고졸 신입 사원이었던 그가 조선소의 대표적인 기술 장인인 '기원' 직함을 받을 만큼 성장할 동안 K방산의 잠수함 기술 역시 괄목 상대할 만큼 발전해 왔다.

20년은 해야 어엿한 잠수함 용접사다

용접은 기본적으로 열을 가해서 여러 금속을 결합시키는 게 핵심이다. 예컨대 조선소에서는 대형 철판 수천 개를 설계에 따라 용접으로 이어 붙여 선체를 만든다. 용접 품질이 선박의 강도와 내구성은 물론이고, 수밀성물이 새지 않는 정도을 좌우하는 결정적인 요소다. 그러기 위해서는 한여름에도 90~150도 안팎으로 달궈진 철판 곁에서 며칠씩 쪼그린 상태로 용접을 하는 것을 피할 수 없다. 그래서 요즘은 용접을 3D산업으로 힘들다며 다들 기피한다.

하지만 김인득 기원은 이렇게 말한다.

"이런 환경에서 일해야 하니 요즘 사람들이 용접을 3D 업종이라고 부르겠지요? 하지만 커다란 배를 한 땀 한 땀 이어나가는 용접은 도자기를 만드는 장인처럼 섬세해야 할 뿐만 아니라 무엇보다 수많은 생명의 안전과 직결되는 작업이에요. 저는 '내가 용접한 배가 세계의 바다를 누빈다'고 생각하면 한순간도 내 직업에 당당하지 않은 적이 없었어요. 우리 가족들도 마찬가지고요."

180cm 가까운 키에 다소 마른 그가 억센 사투리로 무심한 듯 툭툭 말을 던질 때, 그는 산속 깊은 곳에서 검객을 위해 칼을 벼리는 도공 같다는 생각이 들었다.

잠수함 용접은 현장에서 핵심 공정에 속한다. 실제로 잠수함 선체를 만드는 인원 중 3분의 1이 용접 전문가일 정도로 비중이 크다.

공정 절차는 이렇다. 보통 길쭉한 금속판을 통 모양으로 구부린 후, 여러 원통을 줄줄이 연결해 선체를 만든다. 이 연결 작업을 용접으로 한다. 특히 3000t급 이상 되는 잠수함은 높은 압력을 견딜 수 있는 'HY하이일드 100강'이란 특수 합금으로 선체를 만든다. 하지만 튼튼한 만큼 용접하기가 쉽지 않다. HY100강끼리 결합할 때, HY100강과 다른 비철을 결합할 때 등 어떤 금속끼리 용접하느냐에 따라 사용하는 용접봉 종류, 작업 방식 등이 다르다. 잠수함 한 척을 건조할 때 이런 조합만 30가지 안팎을 용접공이 숙지하고 있어야 한다.

용접 환경은 극한에 가깝다. 급격한 온도 변화로 금속에 금이 가는 일을 막기 위해 용접 전에 미리 금속에 따라 온도를 90~150도 안팎으로 예열하고, 작업 과정 내내 표면 온도를 유지해 줘야 한다. 이 예열만 하는 팀이 따로 있을 정도다. 금속판이 예열되면 용접 기술자들이 작업복과 마스크를 쓰고 작업을 하는데 다가가기만 해도 곧바로 온몸에서 땀이 흘러내린다. 그렇다고 해서 틈틈이 쉴 수도 없다. 용접 과정은 미세한 차이가 리젝트Reject·불량를 발생시키기 때문에 금속에 먼지만 한 공기층도 생기지 않도록 꼼꼼하게 임해야 한다.

김 기원은 말했다.

"공기층이 생기지 않게 하려면 용접 부위를 닦고 습기도 제거하고 작업 중 먼지나 불순물이 들어가지 않게 하는 게 기본이에요. 또 용접을 너무 빠르게 하면 금속 내 공기가 작업 중에 제때 빠져나가지 못하기 때문에 적정 속도를 꾸준히 유지해야 하죠. 침착하고 꼼꼼하게, 느리지도 빠르지도 않

잠수함 선체 제작 과정

특수 합금을 구부려 용접해
원 모양 고리 형태를 여러 개 만든다.

각 고리를 줄줄이 연결해
원통형으로 만든다. 특수 용접 기술로
각각의 고리를 잇는다.

3~4개의 원통형을 또 용접해
전체 선체를 만들고,
내부에 각종 설비를 넣는다.

게 하는 게 기술이에요."

잠수함은 선체 전체가 압력을 골고루 받게 하도록 '진원'을 유지한다. '온전한 원' 형태로 선체가 만들어져야 한다는 것이다. 그래서 용접 작업이 끝나면 진원이 유지돼 있는지, 그리고 금속판 연결부가 완벽하게 붙었는지 다른 팀이 초음파 장비를 동원해 검사를 한다. 수천 장의 철판이 용접돼 배 한 척이 생기는 만큼 이런 일들을 수없이 반복하는 게 조선소 용접공들의 일상이다. 이런 점 때문에 잠수함 분야에서는 18~20년은 꾸준히 일해야 한 사람의 '잠수함 용접공'으로 인정받을 수 있다고 한다.

바다에서 민첩하고 은밀하게 움직여야 하는 잠수함은 일반 군함과 비교해 크기가 작다. 김 기원이 참여한 장보고-Ⅲ 배치-Ⅱ 1번함 장영실함의 경우 길이 90m, 폭이 10m쯤으로 비슷한 규모의 3000t급 구축함과 비교하면 크기가 70% 수준에 불과하다. 그렇다 보니 잠수함 내부에서 각종 실내 구조물을 만드는 용접을 하다 보면 '뜨거운 옷장'에 갇힌 느낌이 든다고 한다. 사람 한 명이 간신히 지나다닐 공간에서 하루 6~7시간씩, 길게는 1~2주가 걸리는 일을 해내야 한다.

이런 일을 30년 넘게 한다는 건 어떤 느낌일까. 김 기원은 "내가 말주변이 없다"면서 '눈물 젖은 빵'이란 말을 썼다.

"어릴 때는 그만두고 싶은 순간도 있었죠. 눈물 젖은 빵 아시죠? 그런 걸 먹어보지 않은 사람은 이런 일이 어떤지 몰라요. 고등학교 졸업하고 직업훈련소에 입소했을 때는 아침에 구보도 하고 저녁에 점호도 하고 그랬어요, 군대처럼. 그러다 보니 그 시절에도 못 버티는 사람이 많았어요. 오전엔 이론 교육받고, 오후엔 실습을 했죠. 용접하다가 계속 리젝트 뜬다고 선배들에게 혼도 엄청 났죠. 그래도 하루하루 끈기 있게 하다 보니 어느 순간 한 우물을 판다고 할까. 완벽하게 이 일을 해내겠다는 마음이 들더라고요."

그런 그의 마음속에는 문장 하나가 새겨져 있다. '100번 잠항하면 100번 부상한다'는 것이다. 잠수함의 안전과 관련된 우리 해군의 대표적인 전투 구호 중 하나라고 한다. 무조건 임무를 마치고 살아 돌아오겠다는 의지의 표현이리라.

"잠수함은 용접을 잘못하면 선체에 균열이 생겨서 탑승한 군인들이 물속에서 다 죽어요. 그런 생각하면 절차 지켜가면서 하나하나 해 나가는 게 중요하다는 걸 매번 느끼죠."

첨단 소재 따라 용접도 계속 발전

2011년 총 1조 원 규모 인도네시아 잠수함 수출을 놓고 독일 등과 겨룰 때도 이런 용접 기술이 빛을 발한 순간이 있었다. 막판까지 경쟁을 벌인 경쟁국 사이에서 "한국은 선체는 만들 수 있어도 미사일 시스템은 고품질로 만들 수 없을 것"이라고 견제했다고 한다.

잠수함은 수중에서 미사일을 발사하는 게 일반적인데, 이때 내부로 들어오는 바닷물에 주요 부품이 부식되지 않게 하는 게 핵심이다. 또 발사 때 생기는 압력과 고온을 버틸 수 있는 '인코넬'이란 특수 금속을 사용하는데, 선체를 만드는 것보다 용접이 한층 더 어렵다.

하지만 당시 김인득 기원 등 한화오션 용접팀이 몇 달씩 용접 기술을 연구하고, 미사일 발사와 같은 상황에서도 견딜 수 있는 발사 장치를 만들어 인도네시아 측의 테스트를 통과했다고 한다.

바다에서 군함, 잠수함 경쟁이 치열해지면서 용접 기술 개발 경쟁도 치열해지고 있다. 요즘의 최신 잠수함은 HY100강을 사용해서 만드는데, 이보다 30% 더 튼튼한 HY130강을 상용화하는 준비도 한창이다. 인코넬 금속을 다룬 것처럼 더 강한 소재, 새로운 소재가 나올수록 이를 용접하기 위한 새로운 장비와 기술도 필요한 셈이다.

김인득 기원은 말했다.

"보안 문제라 상세하게 말할 수는 없지만 용접에 쓰는 수입산 용접봉을 국산으로 일부 바꿔 국산화율을 높이고 있죠. 또 아까 말한 것처럼 미사일을 쏘는 곳 같은 아주 좁은 곳에서도 정확하게 작업을 할 수 있는 전용 용접 장비도 개발하고 있어요."

나의정성 나의공해 7500 TON

수주 경쟁의 굴레

한화오션 등 기업들은 군함, 잠수함을 만드는 부서를 '특수선'이라고 한다. 일반 배 '상선'과 구분하는 것이다. 하지만 이 특수선 수요가 일정하지 않은 것이 현장의 고충이다. 군이 군함을 한 번 도입하면 20년은 쓰기 때문에 계속적인 구매가 이어지는 데 한계가 있기 때문이다. HD현대중공업 같은 경쟁자도 있다.

또 단순히 일감의 문제가 아니다. 군함 물량이 줄면 결국 특수선 사업부에서 상선 만드는 곳으로 전환 배치가 이뤄지는데, 그만큼 젊은 인력에게 기술력을 전수하고 그들이 경험을 쌓을 기회가 줄어든다는 것이다. 그래서 최근 한화오션은 글로벌 시장에 적극적으로 도전하고 있다.

그리고 김인득 기원은 덧붙였다.

"현장에서 일감이 그래도 있는 게 행복하죠. 일감이 없으면 내 전공이 아니라 다른 부서로 이동해서 일해야 하고, 언제 인력 조정이 일어날지도 모르고요. 결국 회사가 열심히 일감 따오고, 우리는 현장에서 열심히 만들고, 이런 게 계속 선순환되길 바라고 있어요."

잠수함의 '눈과 귀' 소나(SONAR) 국산화 과정

~2000년대
미국·독일 등
해외 기술에 의존
⇒ 수상함 예인 소나 등
국내 개발 본격화

2009년
차세대 국산 잠수함에
수입 소나 대신
국산 탑재하기로
결정하고 개발 시작

2014년
해군 통영함에
부실 성능 수입 소나
납품 문제 불거져

2017년~현재
잠수함 소나 체계
국내 개발 성공
⇒ 해외 잠수함 시장
(최대 100조 원)서
독일·일본 등과 경쟁 열려

자료= 업계 종합

| 12장 |

잠수함 소나
국산화 이끈

조성일
LIG넥스원 해양연구소장

'4대 방산 강국'을 목표로 하고 있는 K방산의 핵심 과제 중 하나는 '부품 국산화'다. 국산화율이 낮다면, K방산으로 수출한다 해도 핵심 부품을 제작하는 국가로부터 사실상 '승인'을 받아야 하는 제약이 생긴다. 승인을 받지 못하면 K방산 수출도 불가능하다. 부품 국산화라는 핵심 과제에서 괄목할 성과를 거둔 분야 중 하나가 소나 SONAR·수중 음파 탐지기다. K방산 업계가 40년 걸려 이룩한 성과다. 60조 원 규모의 캐나다 잠수함 수출에 도전하는 K잠수함도 소나의 국산화 없이는 사실상 불가능하다.

⊕ '국산화가 불가능할 것'이라는 차가운 눈초리에도 잠수함용 소나 개발이라는 한 우물 파기에 인생을 건 주역을 만났다. 2024년 12월 10일, LIG넥스원 구미 사업장의 신축 대형 수조 앞에서 만난 조성일 LIG넥스원 해양연구소장은 기대에 찬 얼굴로 "진정한 의미의 잠수함 수출이 조만간 이뤄질 것"이라고 했다. 그러면서도 "한국 소나 국산화의 성취에서 저의 역할은 미미한 것인데, 국방과학연구소ADD 등 함께 힘쓴 분들을 대신해 앞에 나서니 민망하다"고 했다.

음파 분석만으로 표적을 탐지, 추적하고 위치를 파악하는 소나는 특히 칠흑같이 어두운 심해에서 작전을 펼치는 잠수함의 '눈과 귀'로 불린다. 미국, 독일 등 주요국만 보유한 소나 기술이 없다면 잠수함 수출도 불가능하다. 조 소장은 "소나 테스트를 위해 연구원도 잠수함에 승선해 심해로 내려가면 거대한 잠수함이 찌그러지는 것 같은 '깡', '깡' 소리가 무섭게 들린다"며 "수심 400m에서 공포를 이겨내며 연구에 매진한 결과"라고 했다.

바다를 듣는 기술, SONAR의 세계

한 치 앞도 보이지 않는 심해처럼, 소나 국산화 역시 불투명하고 불가능해 보였던 과제다. 조성일 소장은 어떻게 소나에 인생을 걸게 됐을까. 조 소장은 '한국형 소나'의 산증인으로 꼽힌다. 대학에서 전자공학, 대학원에서 초음파공학을 전공한 그는 1994년 대우통신에 입사하며 방산 연구에 뛰어들었다. 동문 대부분이 의료용 초음파 개발 업체에 취직하던 시절이었다. 그가 맡은 분야는 해군 함정과 잠수함에 탑재되는 핵심 감지 장비, 소나였다.

"당시에는 소나라는 게 뭔지도 모르는 상태에서 시작했습니다. 초음파 전공자니까 할 수 있을 것 같다는 이유로 배치됐죠."
그의 말처럼, 이 분야는 국내에서는 완전히 미지의 세계였다. 조 소장은 "당시 한국의 소나 기술력은 맨손이나 마찬가지였다"며 "처음에는 해외 장비를 역설계하는 방식으로 국산화를 시도했는데 그때마다 해외 기업이 주요 부품 수출을 끊는 방식으로 방해했다"고 했다.

'외산 의존'을 넘어 '국산 자립'으로

1990년대 초반까지 우리 해군의 소나 장비는 전량 해외 수입에 의존했다. 그러다 보니 노후화된 장비의 유지·보수에 어려움이 많았고, 부품 수급은 불규칙했다. 고장이 나도 수리를 못 해 수개월 이상 운영이 중단되기도 했다. 이런 상황에서 ADD를 중심으로 국산 소나 개발의 필요성이 제기됐다. 조성일 소장도 동참하게 됐다.

"운용은 해봤지만 개발 경험은 아무도 없던 시기였죠. 그냥 외국 장비를 뜯어보고, 밤새 시뮬레이션을 돌려가며 배워야 했습니다."

국산화의 첫 시도는 어렵고 더뎠지만, 조 소장은 당시를 "한국 기술의 자존심을 세우는 작업"이었다고 회상했다.

심해에서 최장 수십 km 떨어진 곳에서 나는 미세한 신호를 분석해 물체의 종류, 이동 방향, 속력까지 분석해야 하는 소나는 고성능 센서와 복잡한 신호 처리 기술이 필수다. 이 때문에 국산화 가능성에 대한 의심도 끊임없이 이어졌다.

조 소장은 "내부에서도 '무모한 도전 아니냐'는 말이 나왔고, 해외 경쟁사들은 그 틈을 노려 군을 상대로 '제품 가격을 낮춰줄 테니 국산화 시도를 중단하라'고 압박하는 일도 비일비재했다"고 말했다.

동해, 서해, 남해······ 세 바다의 조건을 넘다

소나 연구 개발은 앞서 잠수함이 도입된 1980년대부터 시작됐지만 자체 축적된 기술력이 워낙 빈약해 걸음마 단계를 쉽게 벗어나지 못한 채 상당 기간을 보냈다. 그러던 국내 소나 기술의 변곡점으로 조성일 소장은 2009년을 꼽았다. 당시 해군은 3000t급 잠수함 장보고-III 건조를 추진하면서 소나 국산화를 결정했다.

하지만, 내부에서는 우려가 컸다. 조 소장은 "그냥 이전 방식대로 독일제 소나를 수입하자는 의견도 있었다"고 했다.

한국은 삼면이 바다로 둘러싸인 반도 국가다. 동해, 서해, 남해는 수심, 해류, 염도 등 해양 조건이 모두 달라 하나의 소나 시스템으로 각각 최적의 성능을 발휘하는 게 쉽지 않다.

조성일 소장은 "동해는 깊고 맑아서 신호가 잘 가지만, 서해는 수심이 얕고 부유물이 많아 신호가 쉽게 왜곡됩니다. 남해는 조류가 세고 변화가 많아요. 세 바다를 동시에 만족시키는 소나 개발은 고된 도전이었습니다"라고 말했다.

연구진들은 각 해역에서 수없이 시험을 반복했고, 미세한 차이를 조정해 가며 성능을 최적화해 나갔다. 결국 한국형 소나는 세 바다를 모두 감싸는 기술로 자리 잡게 되었다.

1,500번의 회의, 3개월 연속 새벽 퇴근

기술은 밤에 탄생한다. 조성일 소장은 국산 소나 체계 개발 과정에서 겪었던 극심한 연구 강도를 이렇게 회상했다.

"3개월 동안 새벽 3시 전에 퇴근한 적이 없었어요. 시험하고 고치고, 또 시

험하고……."

특히 장보고급 잠수함 개량 사업 당시에는 조선소와 함께 진행한 회의만 1,500번이 넘었다고 한다.

"어느 날은 하루에 두 번씩 경남 거제를 왕복하며 회의했습니다. 그때 제가 버스에서 잠든 시간이 가장 평화로웠어요."

수치로 기록된 이 노력은 곧 국산 기술의 신뢰로 바뀌었다. 그 결과, 기존 잠수함 성능이 대폭 향상됐고, 수명도 10년 이상 연장됐다.

국산 소나 기술이 성장하자, 해외 방산 기업들의 견제가 본격화됐다.

"처음에는 기술 협력을 거부하거나, 핵심 부품 공급을 갑자기 중단하기도 했어요. 나중에는 해군이 외산을 쓰도록 로비까지 한다는 말도 들렸죠."

조 소장과 연구진들은 그런 방해 속에서도 흔들리지 않았다. 오히려 기술 독립의 필요성을 더 절실히 느끼며 국산화를 추진했다.

"이런 상황일수록 스스로 기술을 갖고 있어야 한다는 사실을 모두가 절실히 느꼈죠."

2020년 도산안창호급 잠수함에 국산 소나 체계를 탑재하며 전력화했다. 현재 소나 체계 전체의 국산화율은 약 80% 이상이다. 조 소장은 "잠수함 건조, 수리를 맡은 조선소와 협력 회의만 1,500회 넘게 하면서 잠수함이 요구하는 성능, 기술을 모두 반영하려 노력했다"며 "연구진은 연간 1,000시간 이상 실험을 수행하며 완벽한 소나 체계를 구현하기 위해 매진했고, 이제 그 결실이 수출로 이어질 것으로 믿는다"고 했다. 이제 한국 소나 기술은 해외 전시회에서도 주목받을 만한 수준으로 올라서며 외국 기업들도 관심을 갖는다.

소리를 보는 기술, 소나 정밀화

과거의 아날로그 방식 소나는 유지 보수가 어렵고 신뢰도도 낮았다. 조성일 소장은 장보고급 잠수함의 디지털 소나 전환 사업을 주도하며 기술적으로 큰 도약을 이뤘다고 했다.

"우리가 만든 디지털 센서는 감도도 높고 고장이 거의 없습니다. 기존에 쓰던 장비는 한 번 고장이 나면 수리에만 6개월이 걸렸는데, 이젠 우리가 바로 가서 고치니까 해군도 훨씬 안심하죠."

이처럼 디지털 전환은 단순한 장비 교체가 아닌, 대한민국 해군 작전력의 핵심 인프라를 바꾸는 과정이었다고 한다.

소나는 단순히 '듣는 장비'가 아니기 때문이다. 고해상도 음향 처리 기술을 통해 수중 물체의 형체를 '보는' 단계로 진화했다.

"우리는 소리로 물체를 식별합니다. 적 잠수함인지, 바위인지, 아니면 민간 구조물인지도 구분해야 하죠."

소나의 고주파 영상화 기술 개발을 통해 음파로도 영상처럼 구조를 파악하는 기술을 구현했다. 이러한 기술은 군사적 용도뿐만 아니라 해저 지형 분석, 해양 자원 탐사 등 민간 분야로도 확장될 수 있다.

천안함 상처, 해저전의 중요성을 깨닫다

2010년 천안함 피격 사건은 대한민국에 큰 충격을 안겼다. 동시에 해저 감시 체계의 중요성을 각인시키는 계기가 됐다. 조성일 소장은 "그때부터 '해저 주권'이라는 개념이 생기기 시작했어요. 우리 바다 밑에서 무슨 일이 일어나는지를 알아야 나라를 지킬 수 있잖아요"라고 말했다.

이후 소나 기술은 단순 탐지 기능에서 벗어나, 전략적 감시와 무인 체계 연결까지 그 역할이 확대되었다. 한국 방산 기술의 방향이 '해저 주권', '수중 감시'라는 더 넓은 차원의 안보를 담당하는 전환점이 될 수 있기 때문이다.

이런 해저 주권은 이제 현실로 닥쳤다. 2025년 1월, 북유럽 인근 발트해에서 해저케이블이 두 차례 절단됐다. 2024년 11월과 12월에 이어, 불과 3개월 사이 네 번째 벌어진 케이블 파손이었다. 이로 인해 인근 국가의 일부 통신과 전기가 끊겼다.

발트해 주변국과 북대서양조약기구NATO는 이 같은 해저 케이블 손상이 유럽 지역의 혼란을 노리는 적대 세력의 '사보타주'고의적 시설 파괴일 가능성이 크다고 보고 있다. 서방의 제재로 정상적인 석유 수출을 하지 못하는 러시아가 암암리에 운영 중인 이른바 '그림자 선단'이 해저 케이블 인근에서 일부러 닻을 내리고 천천히 운항하는 식으로 파괴 공작에 나서고 있다는 것이다. 이 같은 사고가 이어지자 유럽연합EU은 케이블 파괴 공작을 예방·탐지하고 복구하는 데 10억 유로약 1조 5000억 원를 배정하기로 했다고 최근 밝혔다.

해저가 새로운 안보 격전지로 떠오르면서 수중 음파 탐지기 '소나' 역시 해저 안보를 위한 핵심 자원으로 주목받을 것이다. 잠수정과 수중 드론 등 첨단 장비를 동원한 해저 케이블 폭파와 해킹 등 다양한 공격이 전개될 수 있는 상황에서 해저의 '눈과 귀' 역할을 하는 소나가

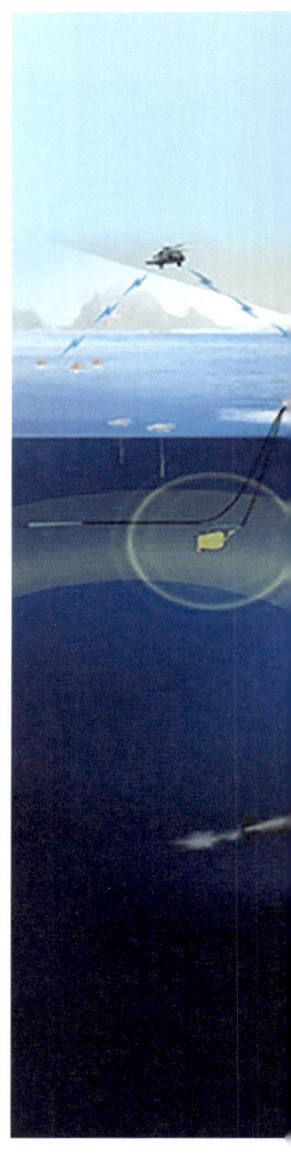

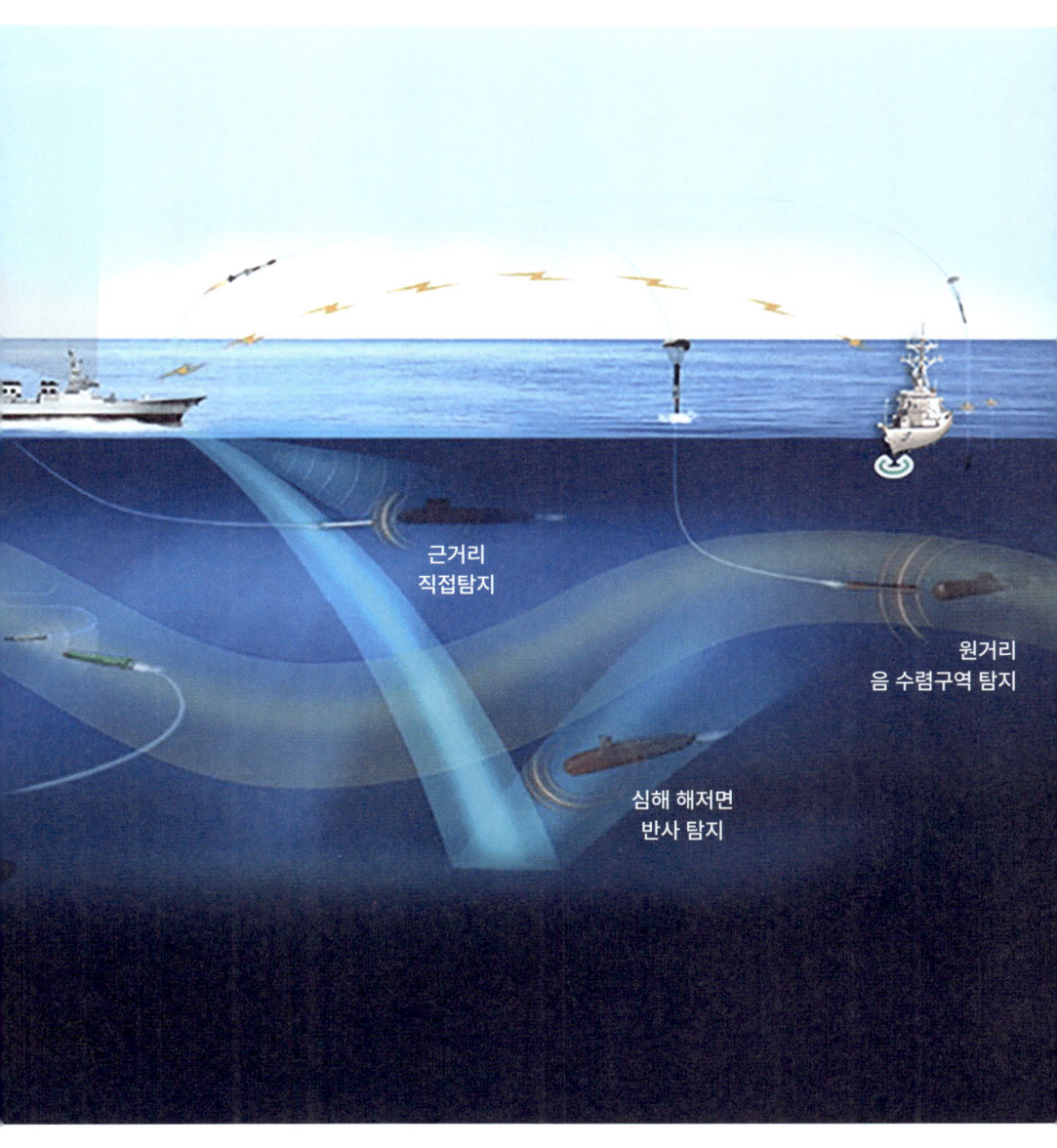

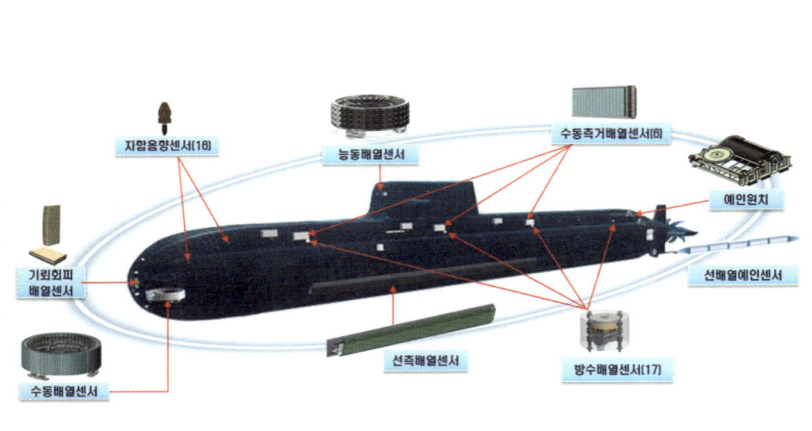

장보고-III 잠수함에 탑재되는 소나 체계.
다종 소나센서의 표적 탐지, 추적, 분석 자동화로 운용성을 최적화했다.

해양 방산 기술의 핵심이 되는 것이다. 세종연구소에 따르면, 2024년 기준 세계적으로 약 485개의 해저 케이블이 운영 중이고 국제 데이터 통신의 99%가 이 케이블을 통해 전송되고 있다고 한다.

무인 수중전의 시대를 준비하다

조성일 소장은 현재 무인잠수정UUV과의 연동형 소나 기술 개발에 집중하고 있다. 미래 해양전은 무인 체계 중심으로 바뀌고 있기 때문이다.

"사람이 직접 가지 못하는 곳까지 탐지하고 통신하는 게 핵심입니다. 소나는 수중전의 '눈'이자 '귀'입니다."

그는 수중 통신과 자율 탐지 기능을 융합한 차세대 소나 체계를 통해, K방산의 미래를 설계하고 있다. 무인 소나는 군사작전뿐 아니라 재난 구조, 심해 탐사 등 다방면에서 응용 가능성이 높기 때문이다.

조 소장은 2023년 유럽에서 열린 해양 방산 전시회에서 의미 있는 장면을 목격했다고 했다.

"10년 전에는 이런 방산 전시회에 참가하면 부러워하며 전시를 둘러봤지만, 이제는 외국 바이어들이 우리에게 찾아옵니다."

한국 연구진이 만든 기술이 더 이상 국산 대체품이 아닌, 세계에서 경쟁력을 갖춘 기술로 성장했다는 것이다. 그는 후배 연구원들에게 "이제는 우리 위치를 제대로 알고, 어디로 가야 할지 판단할 수 있는 넓은 시야를 가져야 한다"고 당부했다. 잠수함 수출과, 소나 수출에 이어 이제 다음 세대의 손에서 얼마나 더 멀리 나아갈지 기대가 커지는 이유다.

K잠수함 개발 역사

1980년대	돌고래급 잠수정 독일 잠수정 모방해 첫 국산 잠수정 개발
1990년대	장보고-I 잠수함 1200t급 잠수함 첫 수입
2000년대	장보고-II(손원일급) 獨 기술 기반 1800t급 첫 국산 잠수함 건조
2010년대~	장보고-III(도산안창호급) 3000t급 중형 잠수함 독자 설계·건조(세계 8번째)

| 13장 |

잠수함 '실핏줄' 케이블 장인

정한구

한화오션 기원

현대 해전海戰의 핵심 전력으로 꼽히는 잠수함을 독자 설계해 건조까지 할 수 있는 나라는 미국, 러시아, 프랑스, 중국, 독일, 일본 등 방산 강국 10여 개국에 불과하다. 이들의 경쟁자로 떠오른 '한국 잠수함'은 언제, 어디에서 시작했을까. 30여 년 전 독일에서 잠수함 기술을 밑바닥부터 배워온 기술자들이 있었다.

◎ 냉전 시기 우리나라가 크게 우려한 비대칭 전력 중 하나가 잠수함이었다. 북한은 1960년대부터 유고슬라비아에서 이전받은 기술을 바탕으로 잠수함 생산에 나섰고, 1980년대에는 소형 잠수정을 자체 생산할 수 있는 수준까지 도달했다. 이 시기 북한의 잠수함 전력에 위기를 느낀 정부는 우리 기술로 만들 수 있는 잠수함 전력화에 나섰다. 잠수함 선진국인 독일의 잠수함 기술을 기초부터 배우자며 기술자를 선발했다.

1991년, 이름도 생소한 독일 북부 도시 킬Kiel에 도착한 대우조선공업현 한화오션 소속, 정한구 기능사원도 그중 한 명이었다. 이 도시는 2차 세계대전의 전설로 불리던 잠수함 'U보트'를 건조한 하데베HDW 조선소가 있는 곳이다.

킬에 도착하자마자 독일어라고는 벼락치기로 배워 인사말 몇 마디밖에 할 줄 모르던 그와 동료들은 곧장 잠수함 공정 기술 훈련에 투입됐다. 이 시기에 하데베 조선소에는 정씨처럼 잠수함 기술을 배우러 온 한국 기술자가 150명에 이르렀다. 정씨가 맡은 파트는 잠수함 핵심 장비 소나Sonar·음파탐지기에서 이어지는 수백 가닥 케이블 설치 작업이었다.

"당시에는 무모하다고 생각한 사람도 많았죠. 하지만 이 도전이 언젠가 우리 기술로 잠수함을 만들 수 있는 기본이 될 것이라고, 돼야 한다고 믿었습니다."

2024년 11월, 한화오션 서울 남대문사무소에서 만난 정한구 기원技元·생산직 최고 감독자 직급은 회사가 건조한 잠수함 모형 앞에서 이같이 말했다.

80년대 최고의 직장, 상선에서 잠수함 기술 도전

창원기계공고 전기과를 졸업한 정한구 기원은 1983년 당시 인기 있던 직

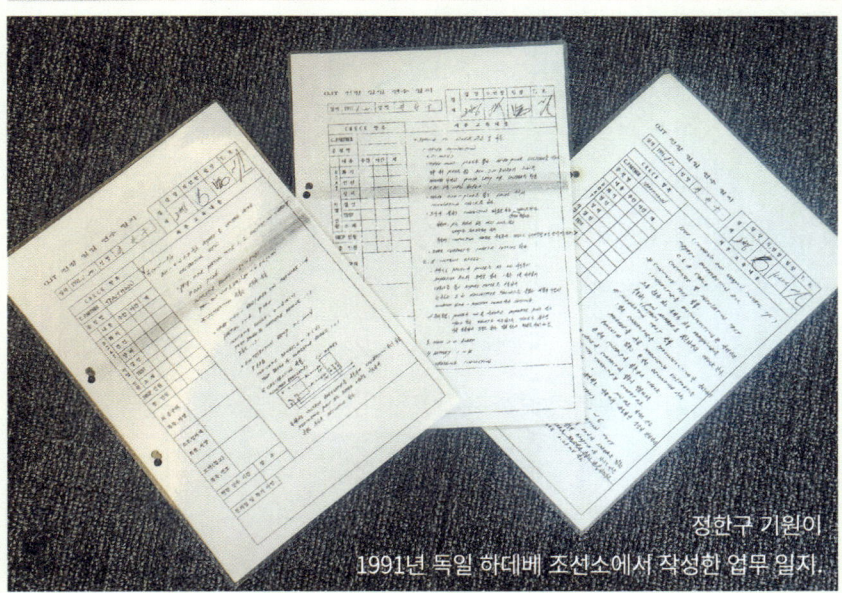

정한구 기원이
1991년 독일 하데베 조선소에서 작성한 업무 일지.

장인 조선소에 취업했다. 입사 후 상선 분야에서 안정적으로 일하며 전기 설비를 담당하던 정 기원은 1989년부터 시작된 잠수함 개발이라는 낯선 분야에 발을 들였다. 주변에선 "안정적인 부서에서 잘하고 있다가 왜 그런 무모한 도전을 하느냐"는 말들이 많았다고 한다.

실제로 무모한 도전이 맞았다. 독일 잠수함 기술의 본산인 하데베 조선소에 100명이 넘는 기술자가 파견됐지만, 당시 한국은 설계 도면도 제대로 확보하지 못한 채 기술 이전에 나섰다. 독일 킬조선소에서 정 기원에게 주어진 시간은 6개월이었다. 정 기원은 "독일 기술자들은 도면과 서류만 보여줬지 정작 중요한 케이블을 설치하는 구체적인 노하우는 제대로 보여주지도 않았다"며 "시속 200㎞로 달리는 아우토반보다 킬조선소에서 처음 본 복잡한 잠수함 구조가 몇 배는 더 충격적이었다"고 했다.

잠수함 속 12㎞에 달하는 케이블 미로

정한구 기원이 맡은 케이블은 잠수함의 신경망, 실핏줄 같은 역할을 한다. 잠수함에서 소나를 중심으로 뻗어나오는 케이블만 약 600가닥, 평균 길이는 20m에 달한다. 한 줄로 늘어놓으면 12㎞에 달해, 장보고급 잠수함길이 56m을 107번 왕복할 수 있다. 케이블을 오가는 정보는 수만 개에 달한다고 한다. 잠수함의 '뉴런'인 셈이다.

수천 개의 표적을 동시에 탐지하고, 위험도가 높은 수십 개 표적에 대해선 위치, 방향, 속력 등 세부 정보까지 확보한다. 센서·무장·통신·항해 체계가 합쳐진 전투에서는 이런 정보들을 빠르게 처리하고 적의 위치를 파악해야 선제 타격에 나설 수 있다.

약 120개의 케이블이 그물처럼 얽혀 각종 장비를 연결하기 때문에 설치 작업이 까다로운 것은 말할 필요도 없다. 각 케이블은 전력 공급, 통신, 제어 등 다양한 기능을 수행하는데, 정해진 위치와 순서대로 설치돼야 한다. 협소한 잠수함 안에서 작업 순서가 어긋나면 전체를 분해하고 다시 설치해야 한다. 이 작업에 고도의 집중력과 설계 이해도가 필요한 이유다.

독일 기술자 도시락까지 챙기며 질문 공세

정한구 기원은 "하루 두 시간 정도 현장에서 독일 기술자들이 일하는 방식을 어깨너머로 볼 수 있었는데, 이때 죽어라고 보면서 손끝 동작 하나도 놓치지 않으려고 했다"고 말했다.

하나라도 더 물어보기 위한 고육책 중 하나가 '도시락 하나 더 만들기'였다. 독일인 동료에게 뭐 하나 물어보려 해도 일과 중에는 좀처럼 틈이 나지 않았다.

그래서 생각해낸 게 독일인 동료를 위한 샌드위치를 준비해 가서 "같이 먹자"고 한 뒤 그 시간을 이용해 이것저것 물어보는 것이었다.

정 기원과 동료들은 관찰, 암기, 기록에 의존해 기술을 익혔다. 제한된 정보 속에서도 그는 관찰력과 끈기를 발휘해 설비 배선 구조와 전기 시스템의 핵심을 체득해 나갔다.

"'너는 A부터 B까지 봐. 나는 B부터 C까지 볼게' 그렇게 약속을 하고 퇴근 후 기숙사에 모여 퍼즐을 맞추고 기억을 복기했습니다. 그렇게라도 해야 전체를 이해할 수 있었어요. 그게 우리가 살아남는 방법이었죠."

현장에서 배울 때 독일 기술자들이 포기해버린 것을 한국인들이 끝까지 물고 늘어져 해결해 낸 적도 많았다. 정 기원의 회상이다.

"어떤 케이블은 지름 3cm 안에 가느다란 케이블 120가닥이 들어갑니다.

그런데 고장이 나면 독일인들은 그냥 버립니다. 우리 입장에서는 그게 너무 아까운 거예요. 아직 경제가 어려운 모국을 생각하면 우리는 '저걸 어떻게 버릴 수 있냐'라며 불량이 난 가닥을 찾아내 고치고 케이블을 되살리기도 했죠."

전례 없는 잠수함 국산화 도약

정한구 기원은 이후 독일에서 한국 첫 수입 잠수함으로 생산된 1번함 장보고함 건조에 참여했고, 국내로 돌아와 2번함 이천함 건조에도 참여했다. 이후 잠수함 총 9척 건조 작업에 참여했다. 국내 잠수함 총 21척 중 거의 절반에 그가 엎드린 채 손을 뻗어가며 겨우 닿아 설치한 케이블이 깔렸다. 잠수함 도전 약 30년 만에 세계 8번째로 3000t급 잠수함을 독자 설계·건조한 'K잠수함'처럼, K방산의 전례 없는 도약에는 수십, 수백 명의 '정 기능사원'의 땀과 노력이 있었다.

독일 조선소에 각각 업무를 나눠 파견됐던 150인은 국내로 돌아와 역逆설계 방식으로 국산 잠수함 기술에 도전했다. 설계 도면으로 잠수함을 만드는 게 아니라 잠수함을 분해하면서 새로운 설계도를 그려내는 방식이다. 정 기원은 "1990년대 초반 독일에는 동남아, 남미 여러 국가에서도 한국처럼 잠수함 기술을 배우러 왔었는데, 그중 잠수함을 독자적으로 설계·건조해낸 곳은 한국이 유일하다"고 했다.

해군과 한화오션은 세계에서 여덟째로 3000t급 중형 잠수함도산안창호급 독자 설계·건조를 달성한 데 이어 2021년 전력화에 성공했고, 세계 디젤 추진 잠수함 중 처음으로 SLBM잠수함발사 탄도미사일도 탑재했다.

PART 3. 마스가, 그리고 잠수함 강국을 만든 사람들

대외비 '연필통 프로젝트'

'연필통 프로젝트'는 정한구 기원이 참여한 과제 중 가장 숨 막혔던 순간이라고 한다. 극비리로 진행됐던 SLBM잠수함 발사 탄도 미사일을 수직 발사할 수 있는 구조물의 성능을 시험하기 위한 실험이었다. 그 구조물의 외양이 필통과 비슷해 그런 '코드명'사업 이름이 부여됐다고 한다.

연필 모양의 구조물 안에 실제 인원이 탑승한 채 더미턴을 발사하던 중, 예상치 못한 반사 압력으로 구조물이 해저 뻘에 박히는 사고가 발생했다. 구조물 내부의 산소, 공기는 한정된 가운데 구조 작업을 위한 시간은 속절없이 흘러갔다. 영원과도 같은 2시간이 지나 겨우 구조물을 안전하게 해상으로 부상시켰다.

"그 안에 타고 있는 기술 개발 동료들 생각뿐이었습니다. 기술도 중요하지만 사람의 생명은 어디에도 비할 수 없다는 걸 잊지 않게 됐습니다."

협소한 잠수함 내부에서의 작업은 상상 이상의 고강도 작업이다. 잠수함의 구조상 작업자들은 엎드리거나 눕는 자세로 장시간 고정된 공간에서 배선, 설비 설치, 점검 등을 수행해야 했다. 특히 배터리는 충전된 상태로 탑재되기 때문에 감전 위험이나 단락 사고의 가능성이 상존했다.

"배터리 하나하나가 사람보다 무겁습니다. 배선 하나 잘못 연결되면 큰 사고로 이어질 수 있죠. 그만큼 섬세함과 인내가 요구되는 일이에요."

기술자 태도, 사고방식까지 전수

독일, 프랑스 등 잠수함 선진국의 기술 역사는 1860년대 후반에 시작됐다. 한국보다 100년 넘게 빠르다. 한국은 1980년대가 되어서야 독일 잠수정을 모방해 국산 잠수정을 처음 개발했고, 1990년 초 독일 하데베조선소에서

1200t급 잠수함을 처음 수입했다.

그러나 이후 세계 잠수함 역사에서 전례 없는 도약을 했다. 라이선스 방식이지만 한국에서 건조한 국산 1호 잠수함 이천함은 1999년 환태평양 군사훈련림팩에서 1만 2000t급 미국 퇴역 순양함을 중어뢰 한 발로 격침시켰다. 당시 한 미국 언론은 "원 샷! 원 히트! 원 싱크!"One Shot! One Hit! One Sink!라고 보도했다. 한 번 쏴서, 한 번에 맞추고, 한 번에 격침시켰다는 뜻이다. 이 문구는 현재 해군 잠수함사령부의 전투 구호가 됐다. 정한구 기원은 말했다.

"이젠 독일에서 배우던 시절은 넘어섰다고 생각해요. 그땐 우리가 뒤쫓았지만, 지금은 우리가 기준을 세울 수 있습니다."

2025년 정년퇴직을 한 정 기원은 잠수함 건조 생산성을 높일 수 있는 도구, 현장 후배들을 위한 매뉴얼을 제작했다. "잠수함 특성상 엎드리고 누워서 일해야 하는 건 피할 수 없지만 후배들이 조금이라도 더 효율적으로 일하길 바라는 마음"이라고 했다.

그가 2010~2011년 개발한 소나 케이블 선행 작업 도구는 잠수함 내부에서 하는 작업을 줄여 작업 기간을 최대 일주일 당길 수 있다. 5년 전 개발한 레일Rail 장비는 주전원 공급 장치 옆 60㎝ 공간에서 혼자서도 60㎏에 달하는 장비를 손쉽게 옮길 수 있다.

그가 개발한 도구와 기술이 이제는 현장에서 표준이 됐다고 한다. 이런 공로를 인정받아 2023년 조선 업계 최대 행사 '조선해양의 날'에 우수조선해양인상도 받았다.

"현재 한국 잠수함의 뛰어난 기술력은 배관, 전장, 기장, 선체, 시운전 등 다양한 분야 조직에 저보다 훌륭한 실력자들이 많기 때문입니다. 이젠 국

내를 넘어 해외로, 바다를 넘는 기술이 필요해졌습니다. 세계 시장에서도 한국 잠수함이 통할 수 있다는 것을 보여줘야 할 시기죠."

그는 틈틈이 기술 자료를 정리하고 후배 기술자들에게 교육하는 역할을 맡고 있다. 단지 기술만 전달하는 것이 아니라, 기술자의 태도와 사고방식까지 함께 전하려고 한다. 작업 중 발생할 수 있는 변수와 위기 상황에 대한 실전 감각은 교과서만으로는 배울 수 없는 부분이다.

"현장은 교과서가 아닙니다. 손으로 부딪히며 배워야 하죠. 그래서 기록하고 말해줘야 해요. 기술은 나누지 않으면 사라집니다."

| FOCUS | K방산의 뉴리더

IT로
해양 방산 영토 넓힌다

정기선 HD현대 회장

HD현대는 우리나라 해양 방산 역사를 말할 때 빼놓을 수 없는 이름이다. 현대그룹 창업주인 정주영 명예회장은 1972년 3월 23일, 울산조선소 기공식을 열며 한국 조선업의 본격적인 시작을 알렸다. 당시 그는 "초대형 조선소와 유조선 2척을 동시에 만들겠다"고 선언했는데, 이 무모해보였던 도전은 2년 3개월 뒤 조선소 준공식과 유조선 1·2호선 명명식이 함께 열리며 현실화했다.

이때부터 쌓이기 시작한 조선 기술력은 함정 개발로 이어졌다. 1976년, HD현대중공업의 특수선사업부는 정부의 '자주국방' 목표 아래 해양방산 업체로 지정됐다. 이후 1980년 첫 국산 호위함인 '울산함'을 해군에 인도하며 K-함정 시대를 열었고, 초계함·상륙함·구축함·잠수함 등 다양한 군함을 국내 기술로 하나둘 재탄생시켰다. 2008년엔 이지스구축함인 세종대왕함을 해군에 인도하며 세계 최정상급의 기술력을 과시하기도 했다.

함정 수출의 포문도 열었다. 우리나라의 첫 수출 함정은 HD현대중공업이 1987년 뉴질랜드에 인도한 군수지원함 '엔데버'다.

약 30년 후인 2016년 뉴질랜드는 노후한 엔데버함을 대체하기 위해 군수지원함을 재발주했는데, 이를 수주한 것도 HD현대중공업이었다. 30년간 운영한 엔데버함의 성능이 만족스러웠기에 다시 같은 업체를 택한 것이다. 필리핀에서는 호위함 2척2016년, 초계함 2척2021년, 원해경비함 6척2022년 등 함정 총 10척을 수주했다. 지난 2022년 필리핀 현지에 군수지원센터를 설립해, MRO유지·보수·정비 서비스도 하고 있다.

2024년에는 페루 국영 시마조선소와 총 6406억 원 규모로 함정 4척에 대한 현지 건조 공동생산 계약을 맺었는데, 우리나라의 중남미 방산 수출 사상 최대 규모의 수주였다.

닻 올린 정기선 체제

2025년 10월 17일, HD현대는 정주영 창업주의 손자이자 정몽준 아산재단 이사장의 장남인 정기선 수석부회장을 회장으로 승진시켰다. 정기선 회장은 2009년 현대중공업 재무팀 대리로 입사해 HD현대 경영지원실장, HD현대중공업 선박영업 대표, HD현대마린솔루션 대표이사 등을 지냈다. 그동안에도 HD현대가家 3세 경영인으로 사실상 그룹 경영을 공동으로 이끌어 왔지만, 이번 승진을 통해 단독으로 HD현대라는 거대한 선박의 키를 잡은 선장이 된 것이다.

정기선 회장이 경영 최일선에 서게 된 이 시점에, 우리나라 방산 업계는 '세계 군함 시장 급성장'이라는 거대한 변화를 마주하고 있다. 도널드 트럼프 대통령은 대선 승리 직후 "한국의 세계적인 군함과 선박 건조 능력을 잘 알고 있다"며 콕 집어 한국 조선업에 사실상의 SOS를 요청했고, 이는 2025년 '마스가'MASGA·미국 조선업을 다시 위대하게로 구체화했다. 미 의회에서는 군함 건조를 한국 등 동맹국에 맡길 수 있게 하는 법안 개정도 추진되고 있다. 미국뿐만이 아니다. 세계 각국에서 해양 패권경쟁이 심화되면서 해군력을 강화해야 한다는 목소리가 커지는 중이다. 이는 우수한 기술력을 갖춘 한국 조선업에 대한 러브콜로 이어진다. 정기선 회장이 해양 방산 분야에서 그리는 비전과 미래에 관심이 쏠리는 이유다.

미국부터 인도까지 방산 확장

정기선 회장은 취임 직후 행보를 통해 방산 사업을 강화할 뜻을 분명히 하고 있다.

HD현대는 2025년 10월 26일, 'APEC아시아태평양경제협력체 2025'가 열린 경

주에서 미국 방산 분야 최대 조선사 '헌팅턴 잉걸스'와 '상선 및 군함 설계·건조 협력에 관한 합의 각서'를 체결했다. HD현대와 헌팅턴 잉걸스는 이를 통해 미 해군의 차세대 군수지원함 개발 사업 입찰에 공동으로 나선다. 사업자로 최종 선정되면 설계를 거쳐 2027년 8월, 첫 건조를 시작하게 될 것이다.

단일 조선소 기준 세계 1위 울산 조선소를 보유한 HD현대가 군수지원함 건조 참여를 통해 역량을 증명한다면, 장기적으로 헌팅턴 잉걸스와 동반하는 형태로 전투함 건조에도 참여할 수 있는 길이 열릴 수 있다는 관측이 나온다.

2025년 11월 10일에는 인도 코친조선소와 '인도 해군 상륙함 사업 추진을 위한 전략적 협력 양해각서'를 체결했다. 인도는 국방력 강화를 위해 군 현대화 계획을 추진하고 있는데, 이 중 하나가 2만 9000t급 상륙함 4척 도입 사업이다. HD현대는 코친조선소의 인도 해군 상륙함 도입 사업을 함께하며 인도 특수선 시장 진출의 기반을 다질 계획이다.

페루 시마조선소와는 2024년 4월에 맺은 함정 4척 공동생산 계약에 이어, 2025년 11월에는 '페루 잠수함 공동개발 및 건조의향서'를 체결했다. 현지 조선소와의 협업을 통해 수주 경쟁력을 강화하고, 장기 파트너십을 확보해 수출 전선을 넓히려는 의도다. 방산 수출 특성상 무기를 수입하는 국가에서 기술 이전과 현지 생산을 요구하는 게 일반적인 데다, 현지 거점이 생기면 주변 나라로 수출을 확대하기도 쉬워진다.

HD현대의 방산 구상은 그룹 사업구조 재편 과정에서도 윤곽을 드러낸 바 있다. 2025년 8월, HD현대의 조선 부문 중간 지주사 HD한국조선해양과 두 자회사 HD현대중공업, HD현대미포는 각각 이사회를 열고, HD현대중공업·HD현대미포 합병 안건을 의결했다.

이 합병은 상선 중심의 HD현대중공업이 방산 시장에서 본격적으로 승부하겠다는 신호탄으로 해석됐다. 국내 최다 함정 수출 실적18척을 자랑하는 HD현대중공업과 군함 건조에 적합한 독Dock·선박 건조 공간과 설비를 갖춘 HD현대미포의 합병으로 군함 건조 역량을 강화한다는 게 HD현대의 전략이다.

합병 후 통합 HD현대중공업은 오는 2035년까지 방산 분야 연 매출 10조 원 달성을 목표로 정했다. 2024년 기준 방산 부문 매출이 1조 1447억 원이었는데, 거의 10배 가까운 규모로 키우겠다는 야심이다.

자율운항에 던진 승부수

정기선호號의 또 다른 항해 경로는 인공지능AI이다. HD현대는 AI로 상징되는 최첨단 기술을 접목해 미래 성장 동력을 확보하는 데 주력하고 있다. 2020년 12월, 사내벤처 1호로 선박 자율운항 솔루션 전문회사 '아비커스'를 설립한 게 시작이었다. 정기선 회장은 회장 승진 후 첫 공식석상이었던 'APEC 2025 퓨처 테크 포럼' 기조연설에서 아비커스를 소개하며 "3년 전 세계 최초로 상용 선박에 자율운항 기술을 적용해 태평양 횡단에 성공했다"며 "도로 위 자율주행차보다 바다 위 자율운항 선박이 현실에 훨씬 더 가까워져 있다"고 했다. AI와 이를 통한 자율운항 구현에 회사의 미래가 걸려 있다고 보는 것이다.

미국 대표 방산 AI 기업인 '안두릴'과의 협업도 구체화하고 있다. 두 회사는 2025년 4월, '무인수상정 개발 양해각서'를 맺었고, 그해 8월 '함정 개발 협력을 위한 합의 각서'로 이를 구체화했다. HD현대의 AI 자율운항 기

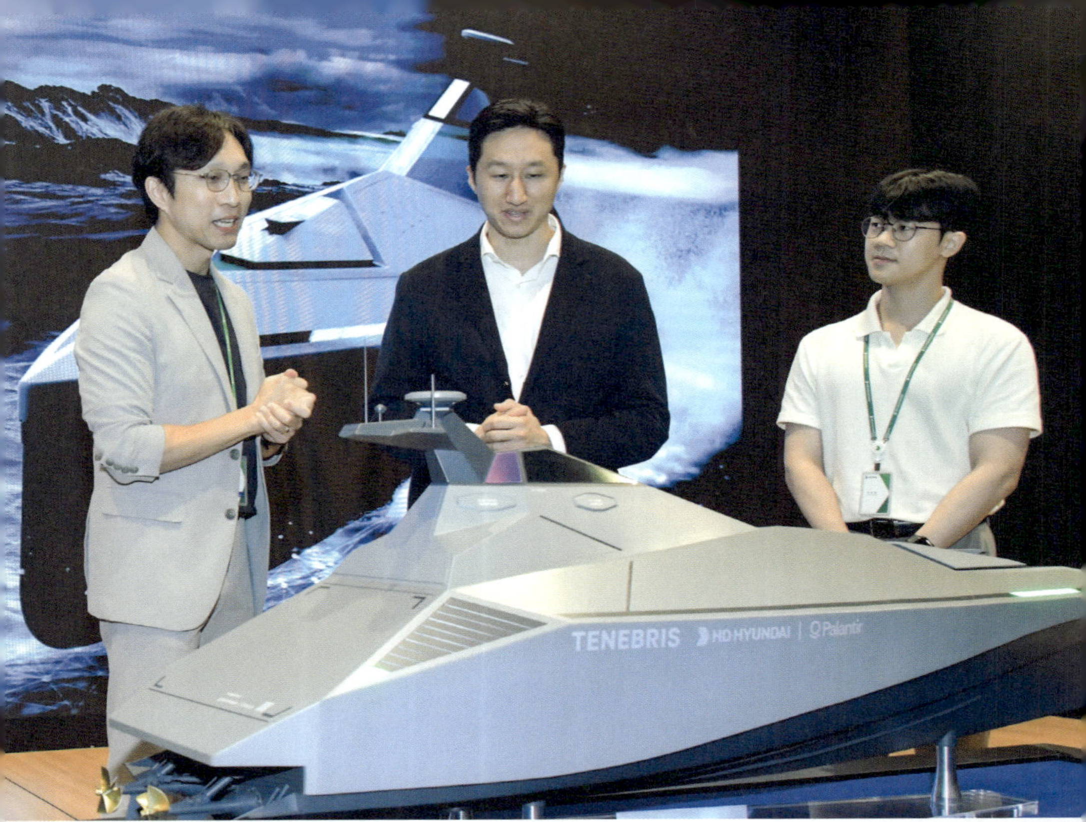
TENEBRIS
HD HYUNDAI
Palantir

국형 차기 구축함 (KDDX)
DD-9000
The first Korean Aegis destroyer to be built entirely with indigenous technology, from the hull combat system and to the multi-function radar
이지스 구축함 Batch-II (정조대왕함)
HDD-11000
The latest and most advanced Aegis destroyer, capable of detecting, tracking, and intercepting ballistic missiles
최신형 호위함 (충남함)
HDF-4000
The latest 3,600-ton frigate planned to replace existing frigates / corvettes
원해경비함 (OPV)
HDP-1600
Next-generation offshore patrol ves
maximized stealth performance and n
to future battlefield envir

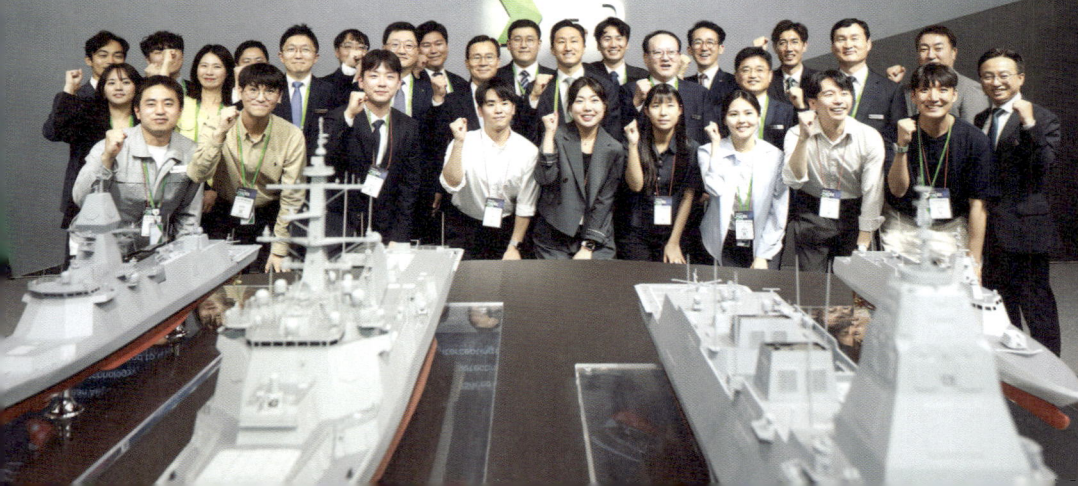

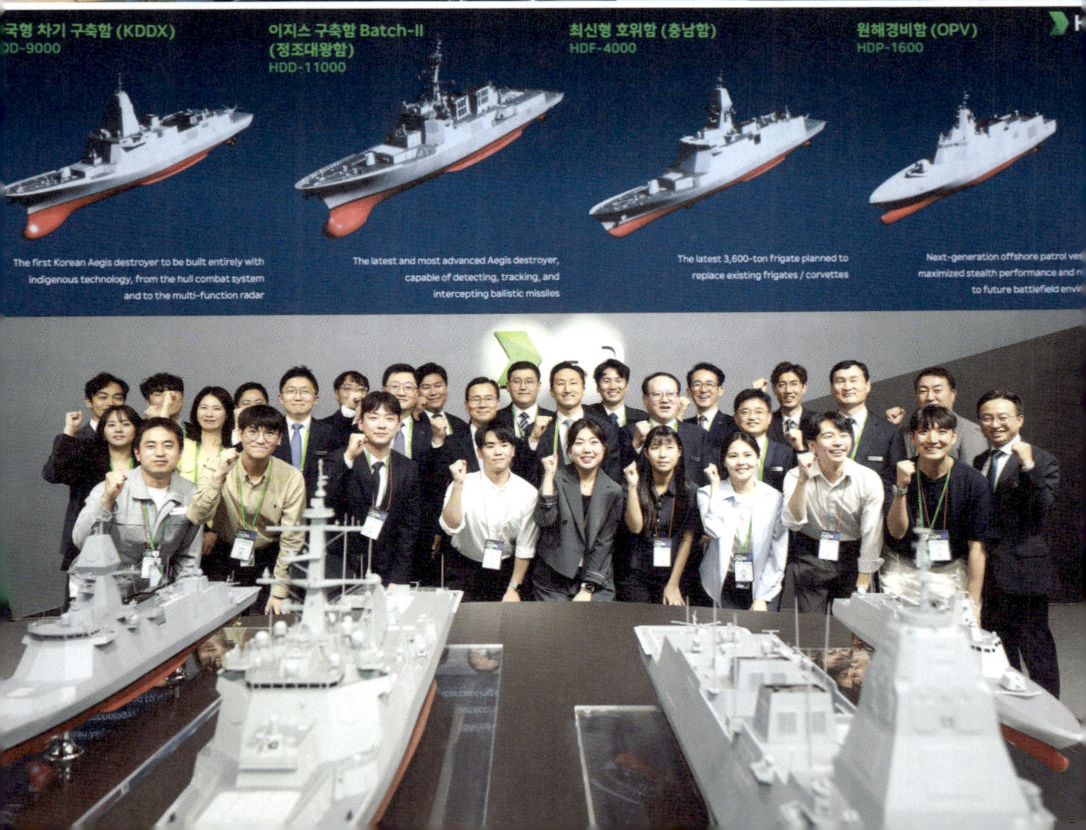

술 및 함정 설계·건조 기술과 안두릴의 자율 임무 수행 체계 솔루션을 결합해 한·미 양국 시장에 선보일 무인수상정을 개발한다는 계획이다.

정기선 회장은 APEC 연설에서 "두 기업의 역량이 결집한 선박 자율운항 기술과 자율임무수행 기술이 융합되면 해군 작전의 패러다임을 완전히 바꿔나갈 것"이라고 강조했다. AI를 향해 던진 HD현대의 승부수가 어떤 결실을 맺을지는 조선업이 '기술산업'으로 탈바꿈하는 대전환의 물결 속에서 판가름 날 것이다.

PART 4.

K방산의 명장들

한화에어로스페이스, 현대로템, KAI, LIG넥스원을 2025년 현재 한국 방산의 '빅4' 라 부른다. 하지만 방산 대기업들이 만드는 주요 무기는 빅4뿐만 아니라 기업들 수십 곳의 역량이 모인 것이다. 그리고 그 역량은 오랜 기간 묵묵히 현장을 지켜온 명인들의 경험이 축적된 결과다. 화려하진 않아도 절대 빼놓을 수 없는 진정한 K방산의 제조 경쟁력은 바로 여기서 비롯됐다.

| 14장 |

K화포 명장

장만호
현대위아 기장

먼 거리의 적을 직접 타격할 수 있는 주포主砲는 무기의 꽃이다. 주포만 30년 이상 만들어 온 명장이 현장을 지키고 있었기에, K방산의 베스트셀러인 K9 자주포나 K2 전차도 오늘의 위상을 갖출 수 있었다. 밖으로 드러나지 않는 자리에서 한 우물만을 묵묵히 파 온 조용한 영웅이다.

◎   억센 사투리를 가진 장만호 현대위아 기장技長은 후배들을 만나면 "왔나? 밥 묵었나?"라며 애정을 표현하는 전형적인 경상도 남자다. 대한민국을 대표하는 '화포火砲 장인' 중 한 사람인 그는, 30년 가까이 한 자리에서 묵묵히 자기 일을 해온 K방산의 뿌리다. 그의 손에서 나온 화포가 K2 전차, K9 자주포 등 우리 방산 베스트셀러에 장착돼 세계를 누비고 있다.

화포는 전차, 자주포, 박격포 등 화약을 터뜨려 포탄을 멀리 날려 보내는 무기다. 방산 현장에선 세 가지를 묶어 화포라고 부른다. 화약 폭발 때 발생하는 열과 압력을 견딜 수 있는 몸체 역할의 포신, 폭발 때 반동을 견디게 해주는 지지대, 포탄을 집어넣는 장전 장치가 주요 구성 요소다.

현대위아는 국내에서 유일하게 중대형 화포를 생산하는 기업으로, 장 기장은 1996년 이 회사에 입사한 후 28년 넘게 현장에서 화포만 만들었다. 국내에서 생산된 K방산 대표 무기인 'K9 자주포', 'K2 전차' 등에 장착된 화포 대부분이 그의 손을 거쳐갔다. 그가 관여해 국내외에 보급된 중대형 화포만 약 2만 개에 달한다.

장 기장은 1969년 경남 고성에서 태어나 고등학교 졸업 후 병역 특례를 받으려고 지역의 한 방산 기업 협력 업체에서 금속 가공일을 배운 것이 평생의 업으로 이어졌다. 1996년 현대위아에 입사해 선배들을 3~4년 쫓아다니며 다양한 포 생산하는 일을 배우다, K9 자주포 개발팀에 정식으로 합류했다. 금속 가공이라는 '기본'부터 무기 개발 같은 '응용'까지 화포 생산의 전 과정을 현장에서 경험한 것이 지금의 그를 있게 한 것이다.

"사실 이 일을 이렇게 오래 할 줄은 몰랐어요. 하지만 K9 자주포 발사하는 걸 처음 봤을 때가 기억납니다. 약 8m짜리 포신에 40㎏이 넘는 포탄을 넣어 사격을 하면 40㎞ 넘게 날아가는 거예요. 충격을 받았죠."

40㎞는 대략 여의도에서 인천국제공항까지의 거리다. 40㎏ 쇳덩이를 그만한 거리까지 날릴 수 있는 힘을 곁에서 느낀다는 건 웬만한 사람은 경험할 수 없는 일이다. 그런 위력을 가진 도구를 만든다는 것이 특별하게 느껴진 순간이었을 것이다.

화포 깎는 장인

2024년 말, 그를 경남 창원 현대위아 공장에서 만났을 때, 그곳에선 K방산의 베스트셀러인 K9 자주포의 주포 제작이 한창이었다. 수출이 많아지니 자연스레 주포 제작도 바쁠 수밖에 없었다. 포탄이 지나가는 포신과 탄약 장전 장치, 포신이 밀려나는 걸 막는 지지대마운트를 조립한 후 한화에어로스페이스에 공급하는 것이 당시 그의 역할이었다.

"중대형 화포의 경우 무게가 1t이 넘는 게 대부분이에요. 하지만 정말 섬세한 무기입니다. 5~10m 안팎의 포신에 머리카락 한 올만큼의 불량만 있어도 명중률이 떨어지고 최악의 경우에는 쏘는 사람이 다치게 되거든요."

K9의 주포를 만드는 과정을 자세히 보면 이들을 장인이라고 말할 수밖에 없다. 길이가 10m가 넘고 무게는 약 5t인 원기둥 형태의 쇳덩이가 현대위아 공장으로 들어온다. 그러면 이 공장에서 쇳덩이의 한복판을 특수 장비로 파낸다. 두툼한 빨대 모양의 포신이 될 때까지다. 이때 깎여 나오는 철만 해도 3t에 달한다. K2 전차도 비슷하다. 약 4t짜리 원기둥에서 2t 정도를 파낸다고 한다. 그래서 화포 제작 현장에선 화포를 '만든다'는 말보다, 주로 화포를 '깎아낸다'고 표현한다. 교과서에서 읽었던 '방망이 깎는 노인'이 생각나는 대목이다.

쇳덩이를 깎는 대신 포신 모양의 틀을 만들어서 쇳물을 붓는 방식으로 만들면 더 편하지 않을까?

안된다고 한다. 강도強度 때문이다. 이 방식으로 제작하면 포탄이 발사될 때 생기는 고온·고압을 견디지 못하고 포신이 깨진다는 것이다. 장 기장은 말했다.

"포탄을 쏠 때면 포 안팎에 열기가 가득 차 있어요. 그렇기 때문에 미세한 틈으로 화약이나 불똥이 새어 나오면 곧바로 폭발 사고로 이어지죠. 틈새가 있으면 화약을 터뜨릴 때 압력이 떨어져 성능이 저하될 수도 있고요. 포신이 미세하게 뒤틀려 있으면 포탄이 똑바로 나아가지 않아 명중률이 떨어지겠죠. 비록 몇 톤짜리 무기지만 정말 민감해요."

그래서 화포를 만들 때면 포탄이 지나가는 길인 포신의 내부가 균일한지, 틈은 없는지 등을 확인하는 게 필수다. 이때 허용되는 오차는 약 0.05㎜에 불과하다.

그렇게 혼신을 다해 깎아내 몸체인 포신을 만들면 다음엔 내부에 별도로 '특수 가공'을 한다. 화포 내부가 변형되지 않도록 하는 절차로, 현대위아만의 노하우가 반영돼 있다.

화약을 폭발시켜 생기는 힘으로 포탄을 날리는 게 화포의 기본 원리다. 즉 포를 쏠 때마다 포신 내부에 엄청난 압력이 가해지므로, 아무런 조치를 하지 않은 채 포를 계속해서 쏠 경우 포신 내부에 변형이 생길 수 있다. 현대위아의 특수 가공은 포를 쏠 때 발생하는 압력보다 40% 더 강한 힘을 포신 내부에 미리 가하는 것이 핵심이다. 그러면 실제 포를 쏠 때는 이보다 낮은 압력이 작용하는 셈이라 내부에 변형이 잘 일어나지 않는다고 한다. 장 기장은 사투리로 "포신이 야물어진다견실해진다"고 했다. 또 포 내부 전체에 압력을 가하면서도 포신 안쪽의 지름이 균일하게 유지되도록 하는 것

장만호 기장 손을 거친 K방산의 주요 화포

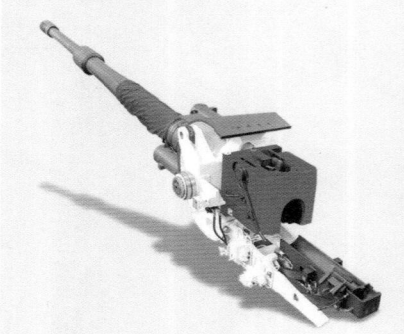

K9 자주포
- K9 자주포의 구경 155㎜ 곡사포
- 사거리 최대 40㎞, 분당 6~8발 사격

K2전차 주포
- 구경 120㎜ 활강포
- 사거리 최대 4㎞, 분당 8발 사격

이 기술이라, 외부 유출이 되지 않도록 한다고 했다.

마지막으로 보어스코프Bore Scope란 장비를 이용해서 내부 공정이 제대로 마무리됐는지를 검사하고 평가한다. 포신 내부에 들어가는 일종의 검사로봇 같은 형태로, 매끄러운 균일한 원형으로 내부 가공이 이뤄졌는지 검사한다. 이런 과정을 포함해 수개월간 약 50가지 공정을 거쳐야만 포신 하나가 완성된다.

일이 늘 순탄했던 것만은 아니다. 달인에게도 뼈아픈 실수가 있었다. 지난 2014년 노후 K1 전차포를 재정비하는 업무를 하던 중에 왼손 약지를 하나 잃은 것이다. 100㎏이 넘는 포 폐쇄기장전 후 내부를 밀폐하는 장치 덮개 잠금장치가 제대로 잠기지 않은 걸 모르고 그 주변을 살피다 생긴 일이다. 그는 "생명과 직결되는 무기를 다루는 만큼 언제 어느 때든 안전이 가장 중요하다는 걸 다시 한 번 깨닫는 계기였다"고 말했다.

박격포
- 구경 81mm 박격포 KMS114
- 최대 6km 사거리의 육군 보병 핵심 무기

함포
- 이지스함 등 해군 주력 함포 KMK45
- 구경 127mm, 사거리 최대 24km

K방산의 제조 경쟁력

현대위아는 연간 자주포 포신을 수백 개까지 만들 수 있다. 하지만 세계적으로 이게 가능한 회사는 몇 없다. 몇 가지 이유가 있다. 하나는 장만호 기장 같은 화포 장인들의 노하우가 제대로 계승되지 못하고 있기 때문이다. 또 포신 하나 만드는 데도 50가지 공정을 거치는 것처럼 그 과정마다 다양한 부품이 필요한데 이 부품을 체계적으로 조달하는 공급 시스템을 갖춘 나라도 적다.

폴란드의 경우 한화에어로스페이스와 계약을 맺고 핵심 부품을 조달받아 현지에서 자체적으로 '크랍'Krab이란 자주포를 만드는데, 2024년 말 기준 1년에 24개 안팎을 만들고 있다. 현대위아와 비교하면 제조업의 역량 차이가 생산력 격차로 이어지고 있는 셈이다.

무기 메카인 미국 국방부에서도 일부 관계자가 비밀리에 화포 생산 효율을 높이기 위해 현대위아를 몇 차례 찾아왔다고 한다. 짧은 리드타임생산 주기과 대량 생산. 이는 현재 K방산의 경쟁력을 말할 때 빠지지 않는 것인데, 바로 장 기장 같은 현장의 생산 전문가들이 있기 때문에 가능한 일이다.

"2008년도에 우리나라가 K2 전차를 기술 이전으로 튀르키예에 판매한 적이 있어요. 지금 '알타이 전차'라는 이름으로 만드는데, 당시 포신 제작 기술도 현대위아에서 배워갔어요. 근데 최근에 도와달라고 연락이 왔어요. 과거에 저희가 기술 이전을 해주고 설비도 깔아줬죠. 가공하는 법도 알려줬잖아요. 그런데 그게 유지가 잘 안 되는 거예요. 도면이랑 기술을 알려준다고 그대로 해내기가 어려운 거죠. 기본적인 역량과 그걸 유지 발전시킬 수 있는 체계를 갖추는 게 쉬운 일이 아니란 걸 보여주는 사례예요."

튀르키예를 보면 한국 방위산업의 과거가 떠오른다. 튀르키예 역시 자체적으로 방위산업을 일구고 국산화를 하기 위해 무기를 사기보다 라이선스 계약을 맺어서 핵심 기술은 사오되 생산을 직접 하면서 자주 국방의 길로 나아가려 했다. 하지만 결과적으로 그 길이 순탄치 않았음을 증명한다.

2024년부터 이집트에서도 자주포 생산을 배우기 위해 기술인력들이 현대위아를 종종 찾아왔다. 이들은 생산 경쟁력을 쌓기 위해 모든 걸 따라 하는 데 여념이 없다고 한다. 생산한 포신을 들어 옮길 때 쓰는 '슬링벨트'나 작업 때 쓰는 장갑 같은 단순한 도구마저 한국과 똑같은 걸 사겠다고 한다고 한다. 아마 K방산의 선배들이 해외에서 기술을 배웠을 때도 그랬을 것이다. 장 기장의 말이다.

"인도는 인공위성도 만들 수 있고, 핵도 있고, 항공모함도 있어요. 하지만 K9을 만들라고 하면 갑자기 못 만들어요. 왜냐하면 생산 시스템이 갖춰져 있지 않으니까요. 기반 산업도 없고요. 방산에서 수십 년간 쌓아올린 체계

이자 경쟁력이 지금 나타나는 것 같아요."

현대위아가 2024년 하반기쯤 K55-A1 자주포에 들어가는 핵심 부품을 국산화하는 사업을 마친 것도 우리 제조 경쟁력을 보여주는 또 하나의 예다. 이 자주포는 K9이 개발되기 전 미국 자주포 M109-A2의 기술을 사 와서 국산화했다. 지금 국내에는 1,000문 정도가 있는데, 제작 당시 핵심 부품들을 미국에서 받아와서 썼다고 한다. 하지만 이제 세월이 흘러 포신을 재정비해야 하는 상황이다. 그러나 제조업이 낙후된 미국에서는 이제 주요 부품을 제대로 만들지 못하고 있다. 이에 비해 K방산이 형성한 제조업 생태계는, 수출을 할 때 장기간 부품 공급 문제를 겪지 않게 해준다는 점을 차별화 포인트로 앞세워 성공적으로 수주를 따내고 있다.

함포에 도전하다

장만호 기장 역시 남의 기술을 배워오는 과정이 고되고 굴욕적이란 것을 절감한 때가 있었다. K9 자주포 개발·생산에 매진한 이후 새로운 도전이 찾아왔을 때였다.

1999년쯤, 육상 화포만 주로 만들던 그에게 배에서 쓰는 함포를 만들어야 한다는 미션이 주어졌다. 당시 군과 국방과학연구소ADD가 미국에서 설계한 MK45라는 5인치 함포를 국산화하기로 결정하면서, 화포 전문 기업이었던 현대위아에 이 일을 맡겼다. 회사는 함포 개발·생산을 할 엔지니어들을 모으기 시작했고, 그때 장 기장도 선발됐다. 당시 K9 한 대가 3억 원 수준이던 시절에 함포 하나는 100억 원이 넘었다. 어마어마한 대형 프로젝트였다.

함포는 가격만 비싼 것이 아니라 만드는 난이도도 비교가 되지 않았다. 지상에서 사람 또는 기계가 포탄을 장전해 발사하는 육상 화포와 달리 함포는 보통 배 바닥 쪽에 있는 탄약 엘리베이터를 타고 탄이 무기에 장전되는 시스템이라 구조가 훨씬 복잡했다. 무게도 20t이 넘고, 부품 수만 해도 2만 여개에 이른다.

이런 일에는 왕도가 없다. 장 기장은 당시 10명쯤 되는 동료들과 영어로 돼 있는 수천 쪽짜리 도면들을 넘겨보고, 미국 기업이 가져다준 완제품을 하나하나 뜯어봤다. 사람 팔 하나만 한 유압밸브 하나에 문제가 생겨 포 전체가 작동하지 않는 일도 있었는데, 원인을 몰라 팀원 전체가 1주일씩 매달리는 등 시행착오를 겪으며 경험을 쌓았다.

우리 정부가 돈을 주고 기술을 사 온 것이었지만 막상 기술을 배우는 현장에서는 어려움이 많았다.

"ADD와 계약을 맺어도 보통 계약서에는 기술 이전을 위해 전수해 주는 기간만 적혀 있어요. 기술 전수를 위해 누가 오는지는 정해져 있지 않거든요? 그러다 보니 가르쳐주러 오는 사람들 실력이 천차만별이었어요. 적극적이지도 않아요. 설계도에 있는 대로 하다가, 우리 생각엔 더 좋은 방식이 있는 것 같아서 손짓발짓으로 '이건 이렇게 하면 어때?'라고 물어보면 그냥 의례적으로 '좋은 생각이야!' 하고 말아요. 그러니까 답답한 거예요. 기술을 사 오려 해도 최소한의 기초는 있어야 배워서 응용이 가능한 거였어요."

결국 2002년 국산화로 탄생한 KMK45 함포가 경남 거제 한화오션_{당시 대우조선해양} 조선소에서 진수進水를 두 달쯤 앞둔 구축함 '충무공이순신함'의 뱃머리에 실렸다. 최대 24㎞ 밖까지 분당 20발을 쏴 적을 타격할 수 있는 성능을 갖춘 것이었다. 그것은 '신의 방패'라 불리는 한국 첫 이지스함인 세

PART 4. K방산의 명장들 243

종대왕함 등 다른 주력 함정 주포로 잇따라 장착되며 우리 군의 핵심 전력이 됐다.

이전까지 이런 함포는 모두 수입했지만, 현대위아와 국방부 등이 협업해 핵심 부품을 국산화하면서 제작 비용을 수백억 원 절감했다. 중대형 함포를 자체 생산할 수 있는 나라는 세계에서도 미국·일본·이탈리아 등 8개국 정도에 그친다.

KMK 45의 성공적인 생산은 10여 년 뒤 현대위아가 자체 함포 정비 자격을 갖춘 회사가 되는 것으로 이어졌다. 보통 15년쯤 함포를 쓰면 오버홀이라고 공식적인 정비 기간을 거친다. 기술 이전을 받은 만큼 이 오버홀을 제대로 할 수 있는 것은 기술을 전수한 미국 회사다.

2020년쯤, 오버홀을 준비하며 미국 기업과 협상을 시작했다. 하지만 지나치게 돈을 많이 요구했다고 한다. 그래서 현대위아는 군과 협의해 자체적으로 정비를 해보기로 하고 지난 2022년쯤부터 자체 기술로 정비를 해내고 있다. 비용도 크게 절감했는데, 이게 가능했던 것 역시 현장의 달인들이 쌓아 올린 경험과 노하우 덕분이었다.

MK45 함포는 미국을 포함해 일본, 호주, 영국, 캐나다 등 세계 여러 나라의 해군이 쓰는 베스트셀러 무기다. 그러나 이 함포를 국산화한 나라는 일본과 한국 단 두 곳이고, 자체 정비를 하는 곳은 한국이 유일하다고 한다.

포를 만든다는 것은

최근에 그는 교사 역할에 집중하고 있다. K9이나 K2가 글로벌 시장에 진출하면서 덩달아 포 사용법이나 관리법을 배우러 세계 곳곳에서 찾아오고 있기 때문이다. 장만호 기장은 "보안상 구체적인 숫자를 공개할 수 없지만,

우리의 연간 포 생산량이 그들의 3~4배나 되는 걸 듣고 해외에서 교육받으러 온 기술자들이 깜짝 놀라더라"면서 "단순한 부품 조립이 아니라, 포 내부의 거친 정도, 강도, 품질의 안정성 등 섬세한 우리 기술자들이 오래 쌓은 노하우가 세계에서 인정받는다는 걸 새삼 느낀다"고 했다.

현대위아도 회사 차원에서 장인들의 노하우를 구체화하고 있다. 공정 과정을 세세하게 반영한 공정도工程圖도 만들고 원천 기술도 문서로 나타내 기술 이전이 이뤄질 수 있도록 노력한다.

"그래도 후배들이 문서만 봐서는 잘 이해가 안 되는 점이 있을 수 있기 때문에 동영상으로도 공정도를 만들거나 설명을 남기는 방법도 추진하고 있어요. 우리가 아는 제조 기술을 이어나가고 발전시키기 위해서죠. 다 데이터이니까요."

포를 만든다는 것이 그에게 어떤 의미인가 물었다. "내 집 지키는 거죠."란 짧은 답이 돌아왔다.

"예전에 아이가 공장에 견학을 온 적이 있는데, 아빠가 나라 지키는 무기를 만든다고 말했을 때 그런 감정을 느꼈어요."

누군가에겐 그냥 직업일 수 있지만, 또 누군가에겐 애국심이자 자부심인 '그런 감정'을 지닌 현장의 장인들이 지금도 K방산을 떠받치고 있다.

K험비의 주요 장비와 기능

1. **험지에서도 뛰어난 기동성**
   바퀴 넷이 각각 따로 구동되는 시스템(독립현가차축)으로 험지에서도 기동성 높여 펑크에도 최대 48km 달릴 수 있는 런플랫(Run-flat) 타이어

2. **높은 수중 활동성**
   최대 76cm 깊이 물에서 이동 가능

3. **터치스크린 내비게이션**
   최신 승용차 운전에 익숙한 젊은 세대를 위한 장치

| 15장 |

글로벌 공략하는
K험비

기아 최병길, 박병석(오른쪽) 상무

기아는 현대차와 더불어 세계 시장의 대표적인 자동차 제조사 중 하나다. 동시에 기아는 자동차 개발 역량을 방위산업에서도 꾸준히 키워왔다. 화려한 승용차 시장과 비교해 상대적으로 주목받지는 못했다. 하지만 최근 오랜 기간 쌓아온 기아의 군용차 개발 및 사업 역량이 세계 방산 시장에서 인정받기 시작해 앞으로가 주목된다.

◎   한국 육군에서 복무한 경험이 있는 사람이라면 한 번쯤 '군토나'를 탄 대대장이나 장교들이 지나가는 걸 아련하게 바라본 기억이 있을 것이다. 푹푹 찌는 한여름 구보를 하는 중이거나, 한겨울 제설 작업이 한창일 때 군토나는 시기 혹은 선망 등 다양한 감정의 대상이었음을 토로하는 사람이 많다.

'군토나'는 원래 '소형 전술차'LTV·Light Tactical Vehicle가 정식 명칭이다. 군에서 소수의 물자나 병사를 빠르게 실어 나르거나 지휘관들이 전선, 부대 안팎 등에서 이동할 때 사용한다. 군의 '팔색조'라고도 불린다. 우리 군에서는 주로 중대장 이상의 지휘관용 차량으로 많이 사용됐다.

2차 세계대전 전후 활약한 미국의 지프Jeep나 그 이후 등장한 험비HUMVEE가 대표적인 소형 전술차다. 군토나 역시 원래 정식 이름은 K131로, 미국 지프를 모델로 만들어 베트남전에도 참전했던 모델 K111의 후속 버전이다. 그럼 왜 이 차를 군토나라고 부를까. 여기서 현대차그룹의 기아가 등장한다. 군토나를 제작한 회사다. 기아라고 하면 세계 시장에 세단·SUV를 만들어 수출하는 일반 자동차회사로 아는 사람이 많을 테지만, 기아의 특수사업부에서는 방위산업용 차량을 전문적으로 개발·제작한다.

기아는 1996년 국방부와 공동으로 만든 K131을 생산하기 시작했다. 그리고 이때 쌓은 노하우를 바탕으로 2년 뒤 '레토나'라는 차를 출시해 일반인들에게 팔았다. 평소 레토나를 보던 사람들이 나중에 군에서 K131을 만나면서, "어? 레토나네?"라고 하던 것이 '군토나'라는 별명으로 이어졌다고 한다.

소형 전술 차량은 현재 세계로 뻗어가는 K방산의 성과 중 하나로 꼽힌다. 주역은 K131의 후속으로 기아가 군과 공동으로 개발한 소형 전술 차량

K151이다. 한국을 포함해 세계 10여 개국에 팔린 기아 군용차의 베스트셀러다.

이 K151 개발을 주도한 이가 2025년 5월, 광주광역시 기아 공장에서 만난 박병석, 최병길 상무다. 두 사람은 엔지니어로 입사해 20년 넘게 기아에서 군용차 관련 업무만 해온 베테랑들이다.

기아가 방산 회사였나?

K151의 성장에 앞서, 기아가 어떻게 군용차를 만들게 되었는지를 살펴봐야 한다. K151 성장의 역사는 곧 기아 방산 성장의 역사다.

기아는 2025년 상반기 기준 세계 70여 개국에 군용차를 수출하고 있다. 기아는 글로벌 시장의 소비자들에게 민간 자동차 기업으로 알려져 있지만, 그 속에는 방산의 DNA가 있다. 1960년대부터 군용차와 트럭, 버스 등을 주로 생산하던 아시아자동차를 1998년 기아로 통합한 이후 지금까지 국내외에서 군용차를 꾸준히 만들어왔기 때문이다.

기아가 만드는 군용 차량은 무기는 아니지만, 군 곳곳에서 다양하게 활용되고 있다. 현대차그룹의 자동차 개발 메카는 경기 화성의 남양연구소이지만, 기아는 남양연구소와 별도로 차량 R&D연구개발를 담당하는 부서를 따로 두고 있다. 군용 차량은 전장에 투입되는 것을 기본 전제로 만들기 때문에 승용차나 상용차와 구분되는 특수 성능을 가진 차량을 전문적으로 개발하기 위해서다. 물론 협업하며 개발 노하우는 공유한다.

기아는 2020년 전후까지는 우리 군이 발주하는 차량을 개발하고, 그에 맞춰 생산하는 등 내수 위주였다. 군 물량이라는 게 기본적으로 입찰을 통해 물량을 따내는데, 배정을 받으면 일정량을 확보할 수 있어 좋지만, 입찰이

부정기적으로 나온다는 게 문제였다. 하지만 최근 수년간 상황이 달라졌다. K방산의 성장세에 맞춰 기아 역시 수출선을 다변화하기 시작한 것이다.

2025년에는 1998년 합병 이후 해외 누적 수출액이 사상 처음으로 1조 원을 돌파할 예정이다. 올해 수출액이 작년의 2배를 웃돌며 연간 1000억 원에 이를 것으로 보인다. 이제는 2030년까지 6년간 2조 원 수출이 목표다.

이 성과의 중심에 소형 전술차 K151이 있다. 이제까지 한국을 포함해 세계 10여 개국에 8,600대_{완성차+베어섀시}가 팔렸다. 베어섀시_{Bare Chassis}는 엔진과 변속기, 섀시 등 차체 외에 차량의 필수 구성 요소만 만들어 둔 뼈대를 가리킨다.

K험비의 등장

LTV_{Light Tactical Vehicle}는 2000년대 초반만 해도 군에서 쓰는 단순한 승용차처럼 사용됐다. 어차피 군인들은 방탄복을 입고 헬멧을 쓰기 때문에, 장갑차가 아닌 이상 LTV까지 방탄을 할 필요가 없다는 시각이 많았다. 1970년대 후반 도입된 K111, 이후 나온 '군토나' K131도 마찬가지였다.

그러나 2006년 이라크 전쟁 때 미국 장교들이 탄 LTV가 잇따라 공격 대상이 되면서 이 분야의 개발이 본격화되었다. 우리 군 역시 당시 이라크에 자이툰 부대를 파병하기로 하면서 소형 군용차 수백 대를 보내야 하는 상황이었다.

이때 기아에 "5개월 만에 방탄을 한 LTV를 만들어 달라"는 주문이 날아들었다. 박병석·최병길 상무 등 수십 명이 급하게 투입돼 학습이 시작됐다. 박병석 상무는 "파병용 차를 만들며 차량용 방탄을 어떻게 하면 좋은지, 방탄 무게를 차 섀시가 버티려면 강성을 얼마나 유지해야 하는지, 실제 전장에서 필수 기능은 무엇인지 등의 노하우가 쌓였다"고 했다.

방탄 장갑을 장착하는 것은 생각보다 어려운 작업이었다. 당시 쓰던 차에 수백kg이 넘는 방탄 장갑을 씌웠더니, 그 무게 때문에 차량 섀시가 버티지 못하고 주저앉아 버렸다. 비상이 걸린 개발진은 가벼운 방탄 소재를 급히 찾아 나섰다. 네덜란드의 DSM이 만드는 '다이니마'란 초고강도 섬유를 쓰기로 했다. 박병석 상무는 "당시에는 전쟁이 벌어진 시기라 이 소재를 미국에서 사재기를 해버려서 다이니마 가격이 천정부지로 치솟았다"면서 "협상을 할 처지가 아니어서 비싸게 사 올 수밖에 없었는데 이 섬유 가격을 계산해 보니 당시 서울 아파트 1평3.3㎡ 가격보다 비싸더라"라고 말했다.

당시 이라크전의 경험을 통해 우리 군은 국산 기술로 차세대 소형 전술 차량 개발 필요성을 절감했다. 그리고 2012년부터 기아와 공동 개발을 시작했다. 애초부터 수출을 염두에 두고, 미국 험비를 능가하는 것을 목표로 삼았다고 한다. 이게 바로 K험비의 시작이었다. 최병길 상무는 특히 "북한을 포함한 어떤 험지에서 작전해도 문제가 없게 하는 게 목표였다"면서 "사계절이 뚜렷하고 험한 산, 구릉, 바다, 계곡 등이 모두 있는 우리나라는 군용 차량을 개발할 최적의 장소"라고 했다.

K험비는 기아 SUV인 모하비에서 쓰던 엔진의 출력을 높이고 영하 32도에서도 작동할 수 있도록 강화했다. 섀시도 앞뒤 바퀴가 따로따로 움직이는 형태의 '독립 현가 차축'으로 업그레이드했다. 박병석 상무는 "기존 차량은 좌우 바퀴가 차축 하나에 달려 사실상 함께 움직이는데, K151은 모든 바

퀴가 각각 독립적으로 움직이는 방식"이라며 "구덩이에 빠졌을 때 탈출이 쉽고, 지면이 고르지 않아도 탑승자가 충격을 덜 느끼는 게 장점"이라고 했다.

성인 허리쯤 되는 약 80㎝ 깊이의 하천도 건널 수 있는 역량도 갖췄다. 엔진과 변속기, 섀시 등 뼈대를 유지한 상태에서 차체를 다양하게 바꿔 활용도도 높였다.

특히 개발 과정에서 가혹한 테스트도 거쳤다.

수밀성水密性 시험이 고비 중 하나였다. 탑승한 병력이 외부로 사격할 수 있게 천장에 해치가 달린 모델을 평가할 때였다. 비가 시간당 102㎖, 초속 18m의 바람이 부는 상황에서의 테스트를 하는데 이런 상황에서 물이 한 방울도 실내로 들어오면 안 되는 게 과제였다. 하지만 천장 해치에서 한두 방울씩 물이 샜다고 한다.

해치 덮개가 고무로 막혀 있는데도 물이 새는 이유를 알기 위해 1~2주 넘게 고민했다. 범인은 페인트였다. 박병석 상무는 "군용차량은 위장을 위해 특수 페인트를 쓰는데 일반 자동차 페인트와 달리 표면이 거칠다"면서 "페인트의 거친 부분과 해치 덮개가 맞닿는 부분에 미세한 틈새가 있었던 것"이라고 했다. 결국 해치 주변의 페인트 재질을 바꿔 이 문제를 해결할 수 있었다.

운전하는 병사들이 점차 젊어지는 점을 감안해 일반 승용차처럼 터치스크린 내비게이션과 후방 카메라를 장착한 것도 특징이다. 최병길 상무는 "우리 군에서는 20~30대 병사나 하사관들이 운전하는 경우가 많은데 젊은 사람들의 운전 스타일을 반영한 것"이라고 했다.

글로벌에서 승부

군용 차량 시장은 미국과 유럽, 러시아가 사실상 삼분하고 있었다. 하지만 2022년 러시아의 우크라이나 침공을 계기로 그간 러시아가 글로벌 시장에 공급해왔던 군용 차량 공급망이 차단됐다. 기아는 이를 수출 시장을 넓힐 기회로 삼았다.

최병길 상무는 "기존에 그 차를 쓰던 나라가 서비스를 아예 받지 못하는 상황이 되니까 대체제를 찾기 시작했다"면서 "이런 상황에서 미국과 유럽이 차량 가격을 올리자 중동 등에서는 반발이 심했다"고 말했다. 특히 이 차의 최고 속도는 시속 130㎞로 미군용 험비의 113㎞를 넘어서고, 출력도 225마력으로 험비190마력를 웃돈다. 그런데도 가격은 절반 정도였다. 바로 이 부분이 핵심 경쟁력이 됐다.

대표적인 사례가 2023년 폴란드에서 K151 400대, 4000억 원 규모의 계약을 따낸 것이다. 차를 시험대에 올려두고, 10도 안팎씩 기울기를 바꾸면서 360도 방향으로 소총 약 150발을 쏘는 '턴테이블 평가'를 치렀는데, 문제없이 통과했다. 한국에서는 문짝 하나 크기 정도의 차량 방탄 장갑 일부만 대상으로 사격 테스트를 하는데 폴란드의 평가 기준은 훨씬 까다로웠다. 총 480발 중 단 3발만 실내로 들어가 무사히 합격 판정을 받았는데, 이마저도 재보완해 수출함으로써 현지에서 극찬을 받았다.

최병길 상무는 "차를 회전시켜서 사격 시험을 하다 보니 문이나 트렁크 접지 부분 같은 방탄 장갑을 두를 수 없는 부분으로 총알이 들어온 것"이라며 "90% 방어만 되면 규정은 충족하는 것이었지만 더 완벽한 전술 차량이란 것을 보여주기 위해 추가로 약한 부분을 보강한 후 수출했다"고 말했다. 또 다른 고비는 사막의 모래 때문이었다. 2023년 여름, 아랍에미리트의 사막을 달리던 기아의 군용차량이 멈춰 서는 일이 생긴 것이다. K151을 현지용으로 개조한 것으로, 당시 UAE 군에 차를 공급하기 위해 테스트를 하던 중이었다. 그런 와중에 차가 고장 난 것이다. 중동 수출 시장을 뚫을 기회를 날릴 위기 상황이었다. 당시 이 차를 고장 낸 것은 사막의 모래였다. 며칠씩 차량을 테스트하다 보니 엔진 흡입 공기를 정화시키는 장치가 고장 나 엔진 실린더에 모래가 계속 쌓이면서 작동을 멈춰버린 것이다. 박병석 상무는 "사막의 모래가 한국 모래보다 훨씬 미세하다는 것을 미처 생각하지 못했다"면서 "사막에서만 며칠씩 주행하다 보니 정화 장치가 버티지 못한 것"이라고 했다.

결국 엔진에 고성능 정화 시스템을 추가했고, 지난해에는 최상위권의 성적으로 테스트를 통과했다. UAE 시장의 문이 조금씩 열리는 순간이었다.

그 외에 페루에 차를 팔 때는 그곳에서 고산 지역 활동이 많다는 점을 감안해, 해발 4,800m까지 차를 가져가서 시동이 걸리는지를 확인했다. 산소가 희박한 곳에서는 가끔 엔진이 점화되지 않는 일이 있기 때문이다.

군용 PBV를 보여주겠다

기아 내부에선 K151을 비롯한 군용차를 PBV라는 개념으로 접근하고 있다. PBV는 목적 맞춤형 차량Purpose Built Vehicle을 가리키는데, 쉽게 말해 사용자 입맛에 따라 내부 구조와 외양을 쉽게 바꿀 수 있는 차라는 뜻이다. 이 개념은 전장의 팔색조인

LTV와도 어울린다. 기아의 박한우 전 사장, 송호성 사장이 군용차의 PBV 가능성을 보고 연이어 적극 지원하면서 이 개념이 더욱 발전했다. 세계 각국의 군마다 처한 상황과 군 체계, 작전 방식 등이 다른데, 어느 곳에서나 쉽게 개조할 수 있는 제품을 만들자는 취지였다.

그래서 최근 수년간 기아가 공을 들인 것이 베어섀시 생산 시스템을 만드는 것이었다. 군이 쓸 수 있게 힘 좋고 강력한 차량의 기본 구조를 만들어 판매하고, 수입한 나라에서 이를 다각도로 고쳐 쓸 수 있게 하는 것이다.

우리나라 군용차의 경쟁력 중 또 하나는 AS 시스템이다. 두 사람은 이를 '군수 지원 체계'라고 했다. 최병길 상무는 말했다.

"한국 제품은 방산이 15년 동안 각종 부품 서비스 보증을 해줘요. 그럼 그 무기는 40년은 쓸 수 있거든요. 제품을 수입하는 쪽에서는 안심할 수 있는 거죠. 미국도 이런 체계가 잘돼 있는데, 우리가 그걸 벤치마킹을 잘한 거죠. 그런데 미국도 요즘은 부품 교체를 주문하면 3년이 걸린대요. 우리는 몇 개월 안에 부품을 보내거든요. 한국 장비를 사면 가격도 좋고 성능 좋고, 서비스도 좋으니 계속 찾는 거죠. 거기다 기아라는 브랜드까지 있으니까요."

실제 기아는 최근 해외 곳곳의 판매망을 적극 활용하고 있다. 최병길 상무는 "최근 그리스 시장을 두드리고 있는데, 그리스에 있는 현지 딜러사를 통해 군 관계자 등과 접촉하고 홍보도 한다"면서 "한번 차를 사면 10~20년을 쓰니까 AS를 엄청 중요하게 생각하는데, 기아 같은 글로벌 기업이 나 몰라라 하진 않겠지란 믿음이 있는 것"이라고 했다.

미래 군용차 경쟁은 무인화

앞으로 K험비를 비롯한 군용차 경쟁은 무인화에 달렸다고 해도 과언이 아니다. 사람이 탑승하지 않고 원격 운전이나 자율 주행으로 수색, 정찰, 물자 운반과 부상자 후송 등 다양한 임무 수행을 하는 것이다. 최근 기술은 인공지능AI이나 자율 주행 같은 첨단 기술을 적용했을 뿐 아니라 총성의 음파音波를 분석해 발사 위치와 방향, 적군 혹은 아군의 무기인지 구분하는 수준까지 발전했다.

미국은 2010년대 초반부터 무인 수송 차량, 로봇 전투 차량 등의 개발에 나섰다. 이스라엘도 2016년 가자지구 경계 지역에 무인 완전 자율 주행 군용차를 배치했다.

우리 군도 약 500억 원을 투입해 감시·경계·작전 지속 지원 같은 임무를 수행할 무인 차량 도입을 추진하고 있다. 국내 방산 업계에선 한화에어로스페이스의 '아리온 스멧'Arion-SMET과 현대로템의 'HR-셰르파'가 경합을 벌이고 있다.

아리온 스멧은 지난 2023년 국내 방산 기업의 무인 차량 가운데 최초로 미군의 '해외 비교 성능 시험'FCT을 완수했다. 위성 항법 시스템GPS과 카메라, 라이다LiDAR 등을 활용해 자율 주행이 가능하고, 주변 상황과 사람, 장애물 등을 인식해 AI 기반으로 판단한다. 나아가 총성의 방향과 패턴까지 파악할 수 있다.

현대로템의 HR-셰르파는 지난 2018년 처음 공개된 이후 꾸준히 성능을 개량해 지난해 '4세대 모델'이 출시됐다. 2021년 국내 최초로 2세대 시제 차량을 군에 납품해 야전 시범 운용을 거쳤다. 360도 제자리 회전 기능 등 기동성이 뛰어나고, 험로 주행에 유리한 에어리스 타이어Airless Tire를 장착한 6륜 차량이다.

시험비행 조종사와 함께한 K군용기

기종(실전 배치)	기본훈련기 'KT-1' (2000년)
특징	- 독자 개발한 첫 항공기 - 인도네시아·페루 등 4개국에 수출
기종(실전 배치)	초음속 고등훈련기 'T-50'(2005년)
특징	- 미국 록히드마틴과 공동 개발 - 전투기로 개량한 FA-50 등 6개국에 수출
기종(실전 배치)	초음속 전투기 'KF-21'(2026년 예정)
특징	- F-4·5 대체 목표로 한 한국형 전투기 - 최대 10개 무장 탑재 가능

| 16장 |

첫 비행을 책임지다

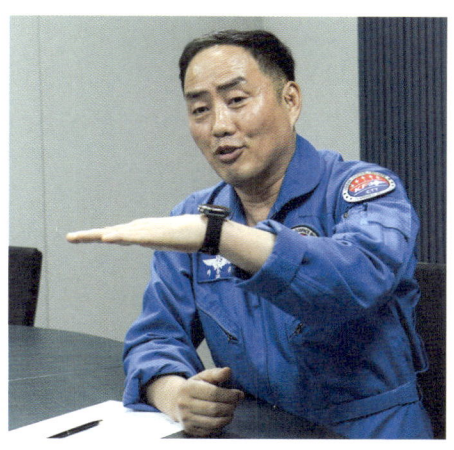

이동규
KAI 시험비행 조종사

시험비행 조종사는 말 그대로 새로 개발하는 항공기를 시험·평가하는 전문 조종사다. 개발 과정에서 일반 조종사는 '할 필요도 없고 해서도 안 되는' 비행을 한다. 일부러 비행기를 극단의 상황에 몰아넣고 설계한 대로 비행할 수 있는지 시험한다. 이들의 시험 결과는 고스란히 개발 과정에 반영돼 완성도를 높인다. 국산 훈련기·전투기를 독자 개발한 '하늘의 K방산' 신화 뒤에는 이들의 위험을 무릅쓴 비행이 있었다.

◎ 2023년 1월 17일 오후 2시 58분, 경남 사천 공항에서는 순수 국산 기술로 만든 첫 초음속 전투기 'KF-21 보라매' 시제기 시험용 항공기 1호가 남해 상공으로 날아올랐다. 17분쯤 후 시제기는 고도 약 4만 피트 1만 2,200m를 비행하며 음속 마하 1.0·시속 1,224㎞을 돌파했다. 6개월간 80여 회 비행으로 조금씩 속도를 높여 초음속에 근접하다가 이날 처음으로 초음속 비행에 성공한 것이다. KF-21은 2024년 하반기부터 본격적인 양산에 들어간 상태로, 2026년 말 공군에 실전 배치될 예정이다.

이날 시제기 조종간을 잡은 이는 한국항공우주산업 KAI 소속 시험비행 조종사 이동규 수석이다. 2001년부터 경공격기 'KA-1' 훈련기 KT-1의 개량형, 초음속 고등 훈련기 'T-50', 다목적 전투기 'FA-50' 등을 2,000회 이상 시험비행하며 K항공기 역사와 함께한 베테랑이다.

2024년 11월 20일, 경남 사천에 자리한 KAI 본사에서 이동규 수석조종사를 만났다. 그는 이날 오전에도 시험비행을 하고 오는 길이었다. 마치 난기류에 빠진 것처럼 KF-21 시제기에 인위적으로 진동을 주고, 기체가 진동을 잘 흡수해 정상적으로 비행하는지 확인했다고 한다. 지난 20여년을 이런 식으로 각종 군용기의 '처음'을 책임져온 베테랑 조종사는 "개발 엔지니어부터 현장 정비사인 동료들과 그들이 해온 작업을 절대적으로 믿기에 시험비행 중 사고가 날까 봐 두려웠던 적은 단 한 번도 없었다"고 단언했다.

시험비행 조종사의 꿈

1990년부터 공군 전투조종사로 근무하던 이동규 수석은 2000년 시험비행 조종사 임무에 지원했다. 공군은 1980년대 말부터 시험비행 조종사를 선발해 운용하고 있다. 군 경력 관리 차원에서 큰 도움이 되지 않아 선호도가 높은 근무지는 아니라고 한다. 그는 "진급에 좋은 자리도, 인기 있는 자리도 아니었지만 비행기 개발 과정에 참여하고 싶었다"고 했다. 이후 영국 '인터내셔널 테스트 파일럿 스쿨'에서 약 1년간 교육을 받고 돌아와 2001년 공군 제52시험평가전대로 배치 받았다.

그가 시험비행 조종사로서 처음 손에 쥔 것은 'KA-1'의 조종간이었다. KA-1은 2000년 공군에 실전 배치된 기본훈련기 KT-1에 무장을 달아 개량한 경공격기다. 이 수석은 첫 시험비행의 순간을 "실시간으로 모니터링 당하는 생소한 경험이었다"고 회상했다. 비행 데이터뿐만 아니라 조종사의 작은 말소리 하나까지 비행기 안의 모든 것이 지상 통제실로 그대로 전달됐기 때문이다.

"안에서 맘 편히 말 한마디 못하겠더라고요. '나 혼자 하늘에서 내 마음대로 하던 비행은 이제 끝이구나' 그런 생각을 했죠."

2005년에는 공군을 떠나 KAI로 적을 옮겼다. 그는 "군에 남아서 관리 업무를 하는 것보단 평생 비행을 하고 싶었다"고 했다. 군에 남으면 실제 비행과는 거리가 멀어질 가능성이 컸다. 연차가 쌓일수록 비행보다는 조직 관리나 지휘 관리 업무를 맡게 되기 때문이다.

처음에는 남들처럼 민항기 조종사로 전직하는 걸 고려했다. 그러다 당시 T-50 시험비행 과정에서 계속 소통 중이던 KAI에서 "우리 회사로 오지 않겠느냐"는 제안을 받았다. 2001년 내부에 시험비행팀을 만든 KAI는 인원을 늘려가던 중이었다. 그는 "국가 지원으로 시험비행 조종사가 된 만큼 군용기 개발 업무를 계속하는 게 맞다고 생각했다"고 말했다.

아찔했던 무동력 비행

시험비행 조종사는 일반 조종사는 하지도 않고, 할 필요도 없고, 또 해서는 안 되는 비행을 수천 번 반복한다. 예컨대, 속도를 거의 '0'에 가깝게 줄여 동체가 균형을 잃게 만들고서 다시 속도를 올렸을 때 정상으로 돌아올 수 있는지를 시험한다. 이른바 '아웃 오브 컨트롤'Out of Control·조종 불가능 테스트다.

비행기 속도가 줄어들면 자연스럽게 양력비행기를 떠있게 하는 힘이 떨어지고, 항공기가 추락하기 시작한다. 속도가 0이 된 '실속' 상태의 항공기는 얌전하게 추락하지 않는다. 기수항공기의 앞부분가 좌우로 오르락내리락하거나 비행기가 빙글빙글 회전하는 등 멋대로 흔들리며 떨어진다. 시험비행 조종사는 어떤 경우에 통제 불능 상태가 되고, 이를 벗어나려면 어떻게 해야 하는지 꼼꼼히 기록한다. '이 비행기를 이렇게 조작하면 위험하구나', '문제가 생기면 이런 식으로 조작해 빠져나와야 하는구나' 같은 부분을 앞으로 이 비행기를 몰아야 할 조종사에게 경험으로 알려주는 것이다.

엔진이 과열되거나, 혹은 관련 소프트웨어가 작동하지 않는 상황을 가정하고 공중에서 엔진을 껐다 켜기도 한다. 항공기를 빠르게 선회시키며 중력 가속도를 증가시키고 나서 항공기 구조에 문제가 없는지 확인하는 하중 시험, 항공기를 지상 3,000m 상공에서 150~300m까지 하강시켜 '자동 상승 장치'가 작동하는지 확인하는 시험도 있다. 조종사가 의식을 잃거나 잠시 착각에 빠져서 지면을 향해서 하강하더라도 최소 150m 이상에서 다시 상승할 수 있는지 확인하는 것이다.

비행기의 각종 '처음'을 책임지는 일인 만큼 이동규 수석에게도 아찔한 순간들이 있었다. 2005년 5월 24일 토요일, 남해 상공에서 이 수석이 초음속 고등훈련기 T-50을 몰고 한창 시험비행을 하던 때였다. 연료 공급이 갑자기 차단되면서 엔진이 뚝 하고 멈췄다. 낮은 고도에서 엔진 출력을 높이면 일반적인 비행 때보다 연료 소모량이 빠르게 늘어나는데 이 수석도, 지상에서 시험비행을 지원하던 상황실도 연료량을 제대로 체크하지 못한 것이다.

고도는 낮았고, T-50은 엔진이 하나뿐인 단발單發기였다. 엔진이 꺼지자, 날개의 양력으로 버티고는 있지만 점차 속도를 잃으면서 하강하는 아찔한 상황이 펼쳐졌다. 활주로는 너무 멀었고 이대로 가다가는 곧바로 바다 위로 추락할 판이었다. 이 수석은 "재시동을 해야 하는지, 일단 지상 상황실에서 다른 방법을 찾기 전까지 가만히 있어야 하는지 판단을 내리기가 어려웠다"고 회상했다.

자칫 섣불리 움직였다간 상황이 더 나빠질 수도 있기 때문이었다. 그렇게 10분이 지나자 이 수석은 스스로 판단을 내렸다.

"이대로는 안 되겠다 싶어 상황실에 '엔진을 켜겠습니다' 하고 전하고 시동을 다시 걸었는데, 다행히 바로 항공기가 살아났습니다."

동료를 향한 믿음

이런 경험들에도 이동규 수석은 "내가 테스트 중 실수를 할까 걱정될 뿐 시험비행 때 사고가 날까 봐 두려웠던 적은 한 번도 없었다"고 했다. 개발 엔지니어부터 현장 정비사까지 동료와 그들이 해온 작업에 대한 절대적인 믿음이 있기 때문이었다.

개발 초기 단계의 항공기는 설계부터 제작, 조립, 점검까지 무수한 사람의 손을 거친다. 엔지니어가 도면을 그리고, 기술자가 구조를 만들고, 정비사가 각 부품을 점검한다. 시험비행 조종사는 그 모든 사람의 결과물을 들고 하늘로 올라간다. 만약 그중 하나라도 믿을 수 없다면 시험비행은 불가능하다.

"엔지니어분들이 괜찮다고 하니 '잘 만들었겠지' 하고 믿는 거죠. 제가 너무 사람을 잘 믿는 건가요? 하하."

이 수석은 호쾌하게 웃었다.

KF-21 초음속 비행을 했던 날을 떠올릴 때도 마찬가지였다. K전투기의 역사에서 기념비적인 날이 될 비행이었기에 "당시 기분이 어땠는지" 기대감에 가득 차 묻자 이 수석이 난감하다는 듯 웃으며 말했다.

"특별한 시험비행이 있을 때마다 (기자분들이) 정말 기대를 많이 하고 물어보시는데, 거짓말을 할 수도 없고 솔직하게 말씀드리자면 (보통의 시험비행과) 전혀 다르다고 느끼지 않습니다."

비행 속도를 높이며 시험비행을 거듭하다보면 결국 초음속 비행에 이르게 되는 만큼, 그날 초음속 시험비행을 한다고 해서 조종사 입장에서 갑자기 더 위험한 부분이 생긴다거나 조종석에 앉아 새롭게 느껴질 것이 없다는 것이었다. 이 수석은 대신 '제때' 시험비행을 마친 안도감에 대해 말했다.

항공기 개발 과정에는 정해진 시험비행 기간이 있다. 보통 특정 시험비행에 실패해 재수행을 해야 할 경우까지 가정해 실제 필요한 기간보다 30% 정도 길게 잡아놓는다고 한다. 이 수석은 "하나의 시험비행을 마무리해야만 다음 과정으로 넘어갈 수 있기 때문에 제때 끝내지 못하면 최소 몇 주에서 길게는 몇 달까지도 항공기 개발에 영향을 미친다"고 했다. 공군이 아닌 KAI라는 항공기 제작 업체에 몸담고 있기 때문에 개발 기간을 지키는 것이 이 수석에게는 더 중요한 일이라는 것이다.

완벽한 시험비행을 위해서는 여러 준비 절차를 거친다. 시험 목적이 무엇인지, 어떤 방식으로 시험하는지, 개발 엔지니어들이 원하는 중요한 데이터가 뭔지 파악하는 게 첫 번째다. 실제 항공기와 유사하게 제작된 장비인 시뮬레이터로 연습도 반복한다.

주요 시험을 앞두고는 기술 검토 회의에 참석해 엔지니어들과 의견을 나눈다. 시험을 진행할 준비가 돼 있는지, 위험 사항은 뭔지, 어떻게 대비를 할 것인지 의논하는 것이다.

일부 시험비행의 경우 미리 공군과 함께 연습하기도 한다. 예컨대 첫 공중급유 시험을 앞두고 있다면, 공중 급유 경험을 쌓기 위해 공군 현역 조종사가 훈련을 받을 때 같이 받는 식이다.

새로운 이론이나 기술, 비행기에 대한 공부도 꾸준히 한다. 미국 록히드마틴, 영국 BAE시스템즈 같은 글로벌 방산 업체가 방문할 때면 따로 최신 전자 장비에 대한 설명을 구한다.

수출 현장의 세일즈맨

KAI 시험비행 조종사는 조종사이자 수출 과정의 '영업맨'이기도 하다. 2006년 KAI는 T-50을 중동의 한 국가에 수출하기 위해 공을 들이고 있었다. 두바이 에어쇼에 두 차례 나가 T-50을 선보이고 나서 해당 국가에서 요청이 왔다. "우리 기후에 맞는지 시험해보고 싶으니 비행기를 현지에서 테스트해 달라"는 것이었다.

이동규 수석을 비롯한 KAI 시험비행팀은 T-50 두 대와 함께 곧바로 사막 한가운데로 향했다. 매일 50도에 육박하는 사막의 땡볕에서 현지 공군을 뒷좌석에 태우고 하루에 두 번씩 비행했다. 이 수석은 "최종적으로 수출은 실패했고 어찌 보면 그쪽에서 무리한 요구를 한 것이지만 당시엔 첫 수출을 해내야 한다는 의지에 타올랐다"고 했다.

가장 잊지 못할 순간 중 하나는 2013년 9월, 인도네시아에 갈 때였다. 2011년 수출 계약을 맺은 'T-50' 16대를 넉 달에 걸쳐 직접 비행해 인도한 것이다. '페리'라고 불리는 납품 방식이다. 당시 경남 사천에서 출발한 T-50i인도네시아 수출용 T-50는 대만과 필리핀을 경유해 최종 목적지인 인도네시아까지 무려 5,700km를 비행하는 일정으로 2013년 9월부터 이듬해 1월까지 납품됐다.

당시 분해한 비행기를 화물기로 운송하는 대신 페리 방식을 택한 것은 "성능이 이만큼 좋다"는 점을 과시하기 위해서였다.

"사실 페리는 경제적인 방식은 아니에요. 페리를 하면 중간 기착을 해야 하는데 기착지마다 우리 인력이나 장비가 있는 것도 아니니 한국에서처럼 뚝딱뚝딱 문제를 해결하기가 어렵죠. 또 T-50은 민항기처럼 장거리 비행을 하기에 적합하지도 않아요. 예컨대 운행 중에 앞에 소나기구름이 있다는 걸 알아도 연료 문제 때문에 빙 돌아가지 못하고 그냥 뚫고 지나가야 하거든요."

사천 비행장에서 대만중간 기착지, 인도네시아로 이어지는 경로를 날아 도착한 순간 T-50에 대한 자부심이 더 커졌다. 당시 중간 기착지인 대만에 도착했을 때 이 수석의 머릿속에는 한 가지 생각만 떠올랐다고 한다.

'이게 되네?'

이론적으로는 충분히 가능하다는 걸 알고 있었지만, 막상 성공하고 나니 감회가 새로웠던 것이다.

외국에서 우리 항공기를 둘러보러 온 공군 관계자를 태우고 비행하는 것

도 KAI 시험비행팀의 중요한 업무였다. 그럴 땐 그들과 대화하며 눈치껏 '그들 나라에선 이런 기능을 원하는구나' 파악하고 KAI 개발팀에 전달해 주기도 했다. 마케팅을 담당하는 직원이 있기는 하지만, 조종사들끼리 사용하는 용어나 뉘앙스, 정서를 100% 파악하기는 어렵기 때문이다.

수출 계약을 맺은 나라의 조종사를 교육하는 일, 파리에어쇼, 두바이에어쇼, 서울에어쇼 등 각종 에어쇼에서 성능을 시연하는 일도 KAI 시험비행팀의 업무다.

멈추지 않을 비행

시험비행 조종사의 역할은 이 밖에도 다양하다. 시제기가 나오기 전부터 개발 과정에 참여하며 시뮬레이터를 타보고 엔지니어에게 조종사 입장에서의 의견을 전달한다.

"자동차를 예로 들면 어떤 차는 핸들이 너무 무겁거든요. 그러면 좁은 데서 핸들을 빨리빨리 돌리고 싶은데 너무 무거우니까 잘 안 되잖아요? 반대로 어떤 차는 또 너무 핸들이 가벼워서 조금만 움직여도 차가 휘청거릴 수 있잖아요. 마찬가지로 항공기에서도 조종사가 이런 의도로, 이 정도의 입력을 했는데 실제 항공기는 그렇게 움직이지 않을 수도 있죠. 그러니까 '나는 90도를 꺾었다고 생각했는데 항공기가 실제로는 30도만 돌더라' 같은 의견을 개발 과정에서 계속 전달하죠."

공군이 익히게 될 교범, 즉 사용 설명서도 만든다. 항공기에 대한 개괄적인 설명, 시동부터 조작까지 운영 절차, 고장이 났을 때 대처하는 방법 등을 기록한다. 초안을 쓰는 건 각 부문을 담당하는 엔지니어지만, 시험비행 조종사가 '이런 정보가 부족하다', '이런 문구는 조종사가 이해하기 어렵다'

같은 의견을 담아 수정한다. 엔지니어와 조종사 사이의 가교 역할을 하는 셈이다.

이동규 수석은 KAI에서 은퇴할 때까지 시험비행을 계속하는 게 목표다. 그가 가장 잘할 수 있는 일이라고 믿기 때문이다. 이 수석이 시험비행에 발을 들인 2001년 이후 우리나라는 쉼 없이 항공기 개발을 이어왔다. 고등훈련기 T-50과 이를 다목적 전투기로 개량한 FA-50, 또 T-50과 FA-50의 각종 수출형 개발 사업이 있었다. 현재는 KF-21 양산에 한창이다.

"비행기를 설계하고, 제작하고, 시험비행하고, 이후 양산까지 할 수 있는 유일한 조직이 KAI입니다. 돈 주고도 살 수 없는 자산인 만큼 앞으로도 항공기 개발 사업 투자가 계속돼 기술이 끊이지 않고 이어졌으면 합니다."

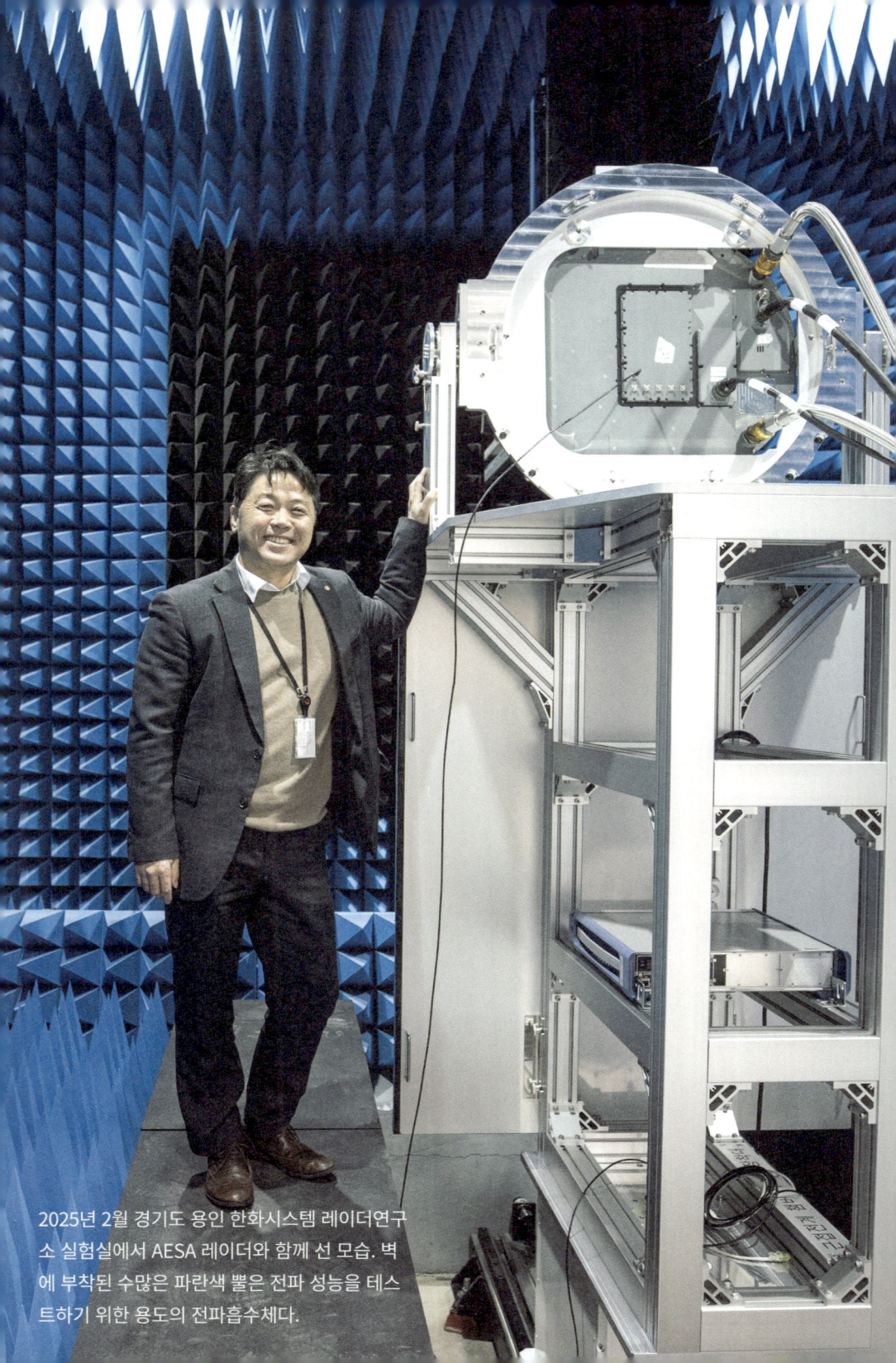

2025년 2월 경기도 용인 한화시스템 레이더연구소 실험실에서 AESA 레이더와 함께 선 모습. 벽에 부착된 수많은 파란색 뿔은 전파 성능을 테스트하기 위한 용도의 전파흡수체다.

| 17장 |

초음속 전투기의
눈을 만들다

홍윤석
한화시스템 소장

2025년 기준 K방산의 가장 큰 과제 중 하나를 꼽으라면, IT 기술이 대거 적용될 미래 전장에서도 통할 경쟁력을 확보하는 것이다. 우리 역시 이미 이 분야의 준비를 시작했다. 초음속 전투기에 사용하는 첨단 레이더 기술 개발 스토리를 통해 K방산의 미래를 살펴본다.

⊕　　한화시스템은 '한국의 록히드마틴'을 꿈꾸는 한화그룹의 두뇌 역할을 하는 기업이다. 굳이 비유하자면 각종 무기의 작동 시스템 같은 '두뇌'에 해당하는 장비를 주로 만드는데 대표적인 것이 바로 레이더다. 이 분야를 이끄는 홍윤석 한화시스템 레이더연구소장을 2025년 초 만났다.

한화시스템이 다루는 분야는 우리 방위산업에서 일반인이 이해하기 어려운 '첨단' 기술이 가장 많이 들어가 있다. IT 기술이 이제 방위산업에서도 변화를 주도하는 만큼, 반드시 K방산이 개척하고 주도해야 하는 영역이자, 앞으로 가장 도전적이면서도 유망한 분야다.

AESA 레이더는 왜 중요한가

AESA 레이더는 능동형 위상 배열Active Electronically Scanned Array이라는 기술을 쓰는 레이더다. 업계에서는 '에이사' 레이더라고 읽는다. 이 레이더가 뭔지 구체적으로 소개하기 전에, 왜 중요한지를 아는 게 우선이다. AESA는 한국형 초음속 전투기 KF-21과 떼려야 뗄 수 없는 관계이기 때문이다.

우리 정부는 2015년 KF-21 개발을 추진하기로 결정했다. 당시 정부는 미국산 스텔스 전투기 F-35A를 수입하는 대신, 한국항공우주산업KAI이 미국 록히드마틴의 핵심 기술을 이전받아 독자 개발하는 방안을 추진했다. 자주국방 역량을 한 단계 키우는 것이 첫째였고, 둘째로는 성숙한 우리 항공 산업의 기술력으로 수출까지 확대하려는 목표가 있었다.

이때 가장 큰 난관 중 하나가 AESA 레이더의 국산화였다. 미국 정부는 록히드마틴 기술 이전을 통해 우리가 초음속 전투기를 만들 수 있게 하겠다면서도, 이 전투기의 핵심 기능인 AESA 레이더의 기술 이전은 끝내 허가하지 않았다.

KF-21은 초속 340m시속 1,224㎞인 마하 1을 웃도는 초음속으로 비행하며, 실시간으로 여러 목표를 탐지, 추적, 타격하는 게 주된 임무이다. 이때 눈 역할을 하는 게 AESA 레이더다. AESA가 없으면 한국형 초음속 전투기는 실현 불가능했다. 그래서 우리 군은 2016년 3600억 원을 투입해 AESA 레이더 독자 개발을 시작했고, 민간에선 한화시스템이 참여하게 됐다.

홍윤석 소장은 AESA 기술 약 90%를 국산화하는 데 성공한 주역 중 한 명이다. 그는 2002년 삼성탈레스현 한화시스템에 입사한 이후 지금까지 약 23년간 레이더 외길을 걸었다.

이동통신 핵심 장비를 만들던 기업에서 사회생활을 시작했던 그는 눈앞의 트렌드보다 장기적으로 스스로를 성장시킬 수 있는 분야를 찾고 싶어 방위산업, 특히 레이더 분야에 뛰어들었다. 그리고 AESA 레이더 외에도 미사일 방공 시스템인 천궁II, 작년 말 국산화가 끝난 장거리 지대공 유도 무기, '한국판 아이언돔'으로 불리는 장사정포 요격 체계 등에 쓰이는 레이더 개발에 참여해왔다.

AESA 레이더가 뭐길래

레이더Radar는 안테나 빔이 표적을 맞고 돌아오는 시간을 측정하는 방식으로 목표의 위치와 거리를 탐지하는 장비다. 40~50대 전후 세대라면 영화 등에서 많이 봤을 것이다. 가운데 바늘 같은 침이 꽂힌 원반 형태로 생긴 레이더가 빙글빙글 돌아가는 장면이 나오는데 그게 일반적인 레이더다. 360도로 회전하는 안테나 장치를 이용해 목표를 향해 직진하는 빔을 쏘고, 그 빔이 타깃에 맞고 돌아오는 시간을 측정하는 방식으로 물체의 유무와 거리 등을 탐지한다.

그러나 AESA는 회전하는 무언가가 아예 없다. 소형 전파 송수신 모듈 1,000여 개에서 원하는 방향 어디든 빔을 보낼 수 있기 때문이다. 송수신 모듈로 전파를 쏘기 시작하면 안테나 빔이 형성되는데, 이때 전파의 위상Phase, 位相을 변화시키면 빔의 방향을 바꿀 수 있는 성질을 활용한 게 AESA다.

더 구체적으로 보면 위상이란 전파처럼 주기적으로 반복되는 파동에서 한 주기가 시작되는 위치를 가리키는 개념이다. 같은 노래를 두 사람이 동시에 부르기로 했는데, 한 명이 노래를 살짝 늦게 시작하면, 그 시간 차이만큼 위상 차이가 생긴다고 표현하기도 한다. 레이더 모듈에서 전파를 쏘면서 위상을 다르게 하면 전파끼리 서로 영향을 줘서 진폭 등이 변화하는 간섭 현상이 생기는데, 이를 인위적으로 이용하면 전파를 원하는 방향으로 보낼 수 있다는 것이다. 이게 AESA 기술의 핵심이다. 각 모듈이 다양한 주파수의 전파를 쓰기 때문에 적의 방해 전파로부터 더 자유로운 것도 장점이다.

2025년 3월, 홍윤석 소장을 경기 용인의 한화시스템 종합연구소에서 만났다. KF-21에 장착할 AESA 테스트가 한창이던 때였다.

한 연구동에 들어갔더니, 벽면에 파란색 고깔 같은 것이 잔뜩 박혀 있는 방 4개가 나왔다. 방 한가운데엔 사람 키보다 높은 선반이 놓였고, 그 위에 AESA 레이더가 놓여 있었다. 파란색 고깔은 '전파 흡수체'였다.

이 시험장에서는 레이더에서 전파가 의도한 방향으로 정확하게 발사되는지 평가하는데, 전파 흡수체가 없으면 전파가 벽에 반사되어 다시 안테나로 되돌아가기 때문에 성능을 제대로 측정하기가 어렵다고 한다. 2024년 하반기부터 KF-21 양산이 본격화하면서 약 1년 여에 걸쳐 실험실을 확장

AESA 레이더의 기능

❶ 동시에 여러 표적 추적
❷ 특정 구역 내 표적을 탐색·추적
❸ 지형 정보 확보
❹ 지상 표적 탐지·추적
❺ 해상 표적 탐지·추적

AESA 레이더의 구조

송수신 처리 장치
안테나에서 송수신하는 전파를 통해 얻는 정보를 처리해 전투기의 수퍼컴퓨터로 넘김

전원 공급 장치
레이더가 쓰는 전력을 담당

안테나 장치
전파를 쏘는 소형 모듈 1,000여 개가 물체를 탐지

AESA 레이더 시험항공기

하고 4곳에서 AESA가 한창 생산 중이다.

전투기용 AESA는 초음속으로 비행하면서 여러 목표를 동시다발적으로 탐지해 100만분의 1초1마이크로초 단위로 정보를 처리할 수 있는 최첨단 기술이다. 미국, 이스라엘, 일본 등 세계에서 12개국만 이 기술을 갖고 있다. 동시에 초음속 비행 때 기체가 받는 압력과 고온을 견딜 수 있게 제작, 설계하는 제조업 기술도 필수다.

루프랩이 뭔가요?

레이더는 초음속 전투기 성능을 좌우하는 핵심 장비다. 현대전戰은 각종 무기에 첨단 정보기술IT이 적용돼 실시간으로 상황이 공유되는 '네트워크전'으로 변화하고 있다. 적을 탐지하고 추적하는 레이더 기술이 더욱 중요해진 이유다.

전투기는 빠른 속도로 넓은 지역을 오가며 정보를 획득한다. 고성능 레이더가 탑재되면 공중 조기 경보 통제기, 군함, 지상 레이더 등 다른 무기 체계와 연계해 정보를 더 빠르게 공유할 수 있다는 강점이 커진다.

AESA를 개발하기 전에도 레이더를 장착한 무기는 많았다. 특히 2000년대 초중반 기준으로 레이더를 물리적으로 움직여서 탐지하는 '기계식 레이더' 대신 전파 위상을 바꾸는 형태의 위상배열ESA 레이더가 본격적으로 자리 잡기 시작했다고 한다. LIG넥스원이 만드는 중거리 미사일 '천궁' 같은 요격 무기들은 이런 레이더를 썼다.

AESA라는 고급 기술로 업그레이드하는 노력은 2000년대 중반부터 시작됐다. 그래서 KF-21을 만들기로 한 2015년쯤 국방과학연구소ADD나 한화시스템 등에서는 AESA를 만들 수 있다는 자신감이 꽤 쌓여 있었다고 한다. 이미 10년 정도 관련 기술과 경험이 축적되었고, 지상용은 국산화가 이미 끝나 있었다는 것이다.

홍윤석 소장은 말했다.

"우리는 KF-21 개발을 시작할 때 전투기용 AESA도 만들 수 있다는 자신감이 있었어요. 그만큼 경험이 있었던 거죠. 하지만 전투기용 레이더를 실제로 작동해본 적은 없다는 것이 문제였죠. 지상 무기는 탄탄한 땅 위에 안정적으로 선 채 작동하는데, 전투기는 계속 움직이고 고정돼 있지도 않잖아요. 그래서 당시 불신도 컸어요. 너희가 정말 그걸 만들 수 있다고? 하는 편견을 넘어서는 게 관건이었죠."

공중에서 쓰는 레이더를 만든 경험이 없다는 걸 상징하는 장면 중 하나가 '루프랩' 논란이었다. 항공기에 레이더를 태워서 시험하기 전에 지상 시험을 하는 장소로 주변에 방해물이 없는 높은 건물에 레이더를 세워두고 먼 거리에 있는 모의 표적으로 전파를 쏘는 실험 환경을 가리키는 말이다. 건물의 가장 높은 곳에서 실험을 한다고 해서 지붕Roof이란 단어가 반영돼 루프랩이란 이름이 붙었다. 알고 보면 어렵지 않은 발상이지만, 당시 우리나라에선 이 개념조차 생소했고, 논란이 많았다고 한다.

"해외 업체에 우리가 AESA 레이더를 직접 만들기로 했다고 하니까, 바로 '한국에도 루프랩이 있어요?'라는 질문이 돌아오더라고요. 모른다고 했더니, 그런 것도 모르면서 뭘 하겠다는 거냐는 식으로 무시를 하는 거죠. 솔직히 지붕에다 뭔가 하는 건 줄 알았지 뭔지는 잘 몰랐어요. 해외 업체에 물어봐도 상세하게 어떻게 실험하는지 알려주지 않더라고요. 결국 검색하고 문헌 뒤져서 ADD와 우리의 상상을 섞어서 루프랩을 만들었죠. 나중에 ADD에서 A4 용지에 개념을 그림으로 그려서, '이렇게 만들어 보죠'라고 주더라고요. 그렇게 생긴 게 지금 우리 연구소에 있는 루프랩이에요."

홍 소장의 설명을 들으며 실제 이 루프랩에 올라가 보니 정말 생각보다 별게 없었다. 연구소 뒤편에 U자 형태로 된 언덕 지형이 있는데 왼쪽 봉우리 위쪽에 건물을 지어서 꼭대기에 레이더를 얹어두고, 오른쪽 봉우리 부분에 표적을 가져다 둔 게 전부였다. 그는 "항공기에 탑재된 레이더는 계속 움직이잖아요? 그래서 우리는 레이더를 고정시키는 게 아니라 레이더를 받치는 부분을 자동으로 움직일 수 있게 만들어서 좀 더 현실과 가깝게 실험을 했어요"라고 했다.

본격적인 실험은 하늘에서

지상 실험을 통해 개발한 레이더를 본격적으로 실험한 것은 하늘에서였다. 실제 비행기에 레이더를 장착한 후 비행 중에 표적을 탐지하는지 확인하는 것이다. 원래는 기초 개발이 끝난 2020년 테스트를 하려 했지만 난관에 부딪혔다. 레이더 성능을 확인하려면 시험 항공기에 레이더를 설치한 후 시험용 장비를 싣는 등 개조를 해야 한다. 또 개조한 비행기가 안전하게 비행할 수 있는지 증명하는 '감항堪航 인증'을 정부에서 받아야 했다. 하지만 레이더를 실제 비행기로 테스트하는 일이 국내에서 처음이라 감항 인증이 언제 나올지 알 수 없는 상황이었다.

빨리 개발해야 한다는 마음이 급한 나머지 남아공까지 날아가기로 했다. 이탈리아 방산 업체 레오나르도에 의뢰해 감항 인증을 빨리 내줄 수 있는 나라를 물색하다 보니 남아공의 한 업체가 낙점된 것이다.

2020년 말부터 남아공 등 해외를 오갔다. 비행기를 구하고, 레이더를 장착하기 위한 준비를 하는 데에도 오랜 시간이 걸렸다. 급기야 코로나 사태가

한창이던 시절이었다. 더구나 2020년 말에는 백신도 아직 없었다. 개발진은 마스크를 2개씩 겹쳐 쓰고 일했다. 그러고도 확진될 수 있다는 위험은 여전했다. 해외 출장이었지만 개발진들은 잠깐 바람 쐬러 나갈 수조차 없는 사실상 격리의 나날들이었다. 그나마 위안이라면 2021년 말부터 시작된 테스트에서 성공적인 결과가 나온 것이다.

이 과정을 거쳐 드디어 2023년 3월 4일, 공식 테스트를 하는 날이 밝았다. 이날 서해안의 고도 3만 피트 약 9,144m 상공에서 KF-21의 시제기 試製機·성능 테스트용으로 만든 기체에 AESA 레이더를 태웠다.

이날 과제는 레이더가 200㎞ 밖 어딘가에 있는 표적기를 제대로 포착하느냐를 검증하는 것이었다. 파일럿이 레이더 작동 테스트를 시작하겠다고 말하고 잠시 후 레이더 작동 버튼을 눌렀다. 1초도 지나지 않아 개발진이 보던 화면에 상대 비행기를 감지했다는 표시가 떴다.

그렇게 찰나의 순간에 성공 여부가 결정되었다. 하지만 홍윤석 소장을 비롯해 ADD와 한화시스템 100여 명의 개발진이 여기까지 오는 데는 7년이라는 세월이 걸렸다. 2025년 초 기준 AESA 레이더를 공중에서 실험한 것만 약 200차례가 넘는다고 한다.

"2023년 초 한국에서 실험할 때 일이에요. 보통 표적기 2~4대 정도를 띄워서 레이더가 포착하는지를 테스트하곤 했는데, 한 번은 우연히 실험하는 공역 주변에서 군의 비행 훈련이 있었던 거예요. 그래서 F16 등 전투기 14대가 공역으로 들어왔다가 나갔어요. 거리가 한 100㎞? 그런데 14대가 들어오자마자 한 번에 싹 잡히는 거예요. 그걸 제가 비행기 안에서 실시간으로 보는데 얼마나 뿌듯하던지 말도 못해요."

AESA 레이더는 이런 과정을 거쳐 2024년 5월, 방위사업청으로부터 '잠정 전투용 적합' 판정을 받았고, 한 달 뒤 방위사업청과 양산 계약을 맺고 7월부터 생산을 시작했다. 2026년 본격 배치를 앞둔 KF-21에 탑재될 예정이다.

해외에서도 인정을 받았다. 2024년 5월, 이탈리아 방산 기업 레오나르도에 한화시스템이 핵심 부품인 '경공격기 AESA 레이더 안테나'를 수출하게 된 것이다. 레오나르도는 한 발 더 나아가 한화시스템과 작년부터 훨씬 더 최신 기술인 '공랭식' AESA 레이더를 해외에 판매할 준비를 하고 있다. 지금은 냉각수로 열기를 잡는데, 공기로 냉각시키면 냉각 장치가 필요 없어져 레이더를 소형·경량화할 수 있다. 그는 이렇게 말했다.

"AESA 레이더의 성공은 결국 구축함이나 잠수함 등 다양한 무기로 확산해 적용할 수 있다는 경쟁력이 있어요. 앞으로 드론에 실을 수 있는 AESA 레이더 개발도 가능할 거라 믿습니다."

| 18장 |

한국형
전차 변속기의 탄생

서영좌
SNT다이내믹스 기술이사

2024년 가을, 대한민국 방위산업사史에 새로운 한 줄이 추가됐다. K방산 수출 베스트셀러 중 하나인 K2 전차 4차 양산 계획에 '국산 변속기' 탑재가 결정됐다. 전차의 '심장'으로 불리는 파워팩엔진+변속기이 모두 국산화되는 것이다. 그동안 1,500마력급 궤도 차량용 변속기는 사실상 미국과 독일이 양분하는 시장이었다. 이제 그 사이에 한국의 도전이 시작되었다.

◎   K2 전차는 한국의 대표 무기 중 하나이지만, 파워팩은 완전한 국산화를 이루지 못하고 있었다. 국산 엔진과 함께 독일산 변속기를 탑재한 것이기 때문이다. 그러나 K2 전차 4차 양산 계획에 따라 2028년까지 생산해 한국군에 공급하는 K2 전차 150대에는 방산업체 SNT다이내믹스에서 제작한 변속기가 장착된다.

전차 변속기 국산화 도전 뒤에는 SNT다이내믹스의 서영좌 기술이사가 있었다. 그는 "처음엔 신입 사원으로 입사해 고작 부품 하나를 설계하는 게 제 일이었는데, 그 부품이 전차의 심장이 될 줄은 몰랐다"고 말했다.

심장을 만들겠다는 무모한 도전

2022년 여름 튀르키예의 40도가 넘는 사막에서 잔뜩 긴장한 한국인 엔지니어들 중의 한 사람이 서영좌 이사였다. 사막에 있는 군軍 전차 시험장에서는 전차 변속기 내구성 시험이 진행 중이었다. 시험 대상은 SNT다이내믹스가 20년 가까이 수많은 시행착오 끝에 개발한 국산 전차용 변속기였다. 고온, 모래 먼지, 비포장이라는 혹독한 환경에서 3,800㎞를 아무런 문제없이 연속 주행에 성공해야 시험을 통과할 수 있었다.

전차용 변속기는 자동차 변속기와는 차원이 다른 장비다. 전차 같은 궤도 차량은 핸들과 바퀴가 없어 양쪽 궤도의 회전 속도를 다르게 해 방향을 바꾼다. 브레이크가 없기 때문에 구동계를 멈춰야만 50t이 넘는 전차를 제자리에 세울 수 있다. 이 일을 하는 핵심 장치가 변속기다.

하지만 오랜 노력에도 변속기를 국산화하지 못해 전차나 자주포 수출에 제약이 많았다. 우리 방산업계에서 변속기 국산화가 최우선 과제 중 하나로 꼽혀 왔던 이유다. 이 변속기가 엔진과 결합해 전차, 자주포의 성능과 직결된다.

민간인 출입이 금지된 시험장에서 전차가 멈추지 않고 제대로 달리고 있음을 확인할 길은 단 두 가지였다. 서 이사는 "전차가 달리는 소리가 들리는지, 먼지가 뿌옇게 일고 있는지 노심초사했던 기억이 생생하다"고 말했다. 서 이사는 이 회사에서만 20년 넘게 전차용 변속기 개발에 집중해 온 엔지니어다. 그가 개발을 주도한 변속기는 2022년 여름 튀르키예의 시험을 통과한 뒤 한국 방산 대표 수출품인 K2 전차에 탑재되었다. 독일산을 대체하는 첫 국산 전차 변속기가 된 것이다.

도면이 있어도 불가능해 보였던 도전

SNT다이내믹스옛 통일중공업는 1960년대 한국 정밀기계 산업의 태동기와 함께 성장했다. 해외에서 장갑차와 자주포에 들어가는 변속기 기술을 사와 국내에서 생산만 하던 기업이었다. 2000년대 초, 회사는 새로운 사업을 모색했다. 그때 눈에 들어온 것이 '전차용 변속기'였다.

서영좌 이사는 서울시립대 정밀기계공학과, 연세대 기계공학과 석사를 마치고 2004년 이 회사에 입사하며 국산화 도전에 합류했다. 그는 "회사가 변속기를 만들어본 경험이 있었기 때문에 1,700여 종에 달하는 부품을 하나하나 만드는 건 그다지 어렵지 않았다"며 "문제는 그것들을 하나로 통합할 기술 노하우가 없었던 것"이라고 했다.

"처음엔 해외 도면도 참고했지만, 그대로 만들면 절대 안 돌아갔어요. 우리나라의 생산 기술, 가공 정밀도, 열처리 공정이 전혀 달랐기 때문이죠."

변속기 전체 부품은 약 1,700여 종. 구성 요소까지 세면 9,000개에 달한다. 각 부품이 정확히 맞물려야만 변속, 조향, 제동 모든 기능이 동시에 안

정적으로 작동할 수 있다.

설계상으로는 완벽해도 실제 조립하면 문제가 터졌다. 10년 가까이 변속기를 조립해 성능시험을 반복했지만 매번 오류가 쏟아졌다. 실패는 셀 수도 없었다. 하루에도 몇 번씩 부품이 깨지고, 회전축이 비틀리고, 오일이 새어 나왔다. 그때마다 팀은 원점으로 돌아갔다. 갈등도 커져갔다.

"부품마다 제작 공차허용 오차가 다르고, 소재도 미묘하게 달라요. 각 부서에서 '우리 부품은 문제가 없는데 왜 안 되느냐'며 다투기도 했죠."

국내 시험의 벽, 13시간의 실패

K2 전차의 경우 엔진은 국산화에 성공했지만 변속기는 독일 제품에 의존해야 했기 때문에 '반쪽짜리 국산'이라는 꼬리표를 떼는 게 관건이었다. SNT다이내믹스도 국산 변속기를 만들어 공급했지만, 국내 내구도 시험에서 기준을 충족하지 못해 번번이 탈락했다.

2008년부터 통합 내구 시험이 시작됐고 성공의 벽은 높았다. K2 전차 2차 양산을 앞두고 이 회사의 변속기 탑재가 검토됐지만 내구도 검사에서 탈락하면서 결국 다시 독일 변속기 탑재가 결정됐다. 서영좌 이사는 "그때 개발팀은 모두 침묵했습니다. 누군가는 울었고, 누군가는 회사를 떠났습니다"며 그때부터는 "기술이 아니라 의지의 문제"였다고 했다.

실패 뒤엔 냉정한 현실이 기다리고 있었다. 정부는 이미 수입 계약을 체결한 상태였고, 기준을 완화하면 '국산 봐주기'라는 비판이 나올 수 있었다. 그럼에도 국산화 도전은 멈추지 않았다.

내구도 검사는 1,500마력 엔진과 결합된 상태로 가혹한 작동 조건에서 320시간을 버텨야 합격이었다. 이 기준은 세계 최고 수준의 매우 엄격한

SNT다이내믹스 주요 변속기

적용 차량	제원(마력·차량중량) / 생산 방식
K200A1 보병 수송장갑차 등	최대 350마력·18t 면허생산
K21 보병전투장갑차	최대 800마력·40t 면허생산
천마·비호	최대 600마력·33t 면허생산
K55 자주포	최대 405마력·25t 면허생산
K9 자주포 K10 탄약운반장갑차	최대 1500마력·45~60t 면허생산
K2 전차(예정)	최대 1700마력·65t 국내 연구개발

기준으로 "합격이 불가능한 기준"이라는 지적도 나왔지만, 기준 탓만 하고 있을 수는 없었다. 2024년, 307시간 테스트를 통과했다. 불가능해 보였던 정부 기준에 13시간이 부족했다.

벼랑 끝, 해외 수출에서 먼저 활로

그때 해외에서 반전의 기회가 찾아왔다. 튀르키예 정부가 변속기를 써보고 싶다고 먼저 손을 내민 것이다. 튀르키예는 K2 전차 기술을 사서, 자체적으로 알타이 전차를 만들고 있었다. 독일이 쿠르드족 문제로 수출 제한을 걸면서 자국 알타이 전차에 들어갈 파워팩이 없어진 것이다.
"한국에서 만든 변속기를 써보자." 이 제안이 국산 변속기의 운명을 바꿨다. 그렇게 2022년 알타이 전차용 실증 시험이 사막에서 시작됐다. 2022년 2월, 서영좌 이사는 기술자 2명과 함께 튀르키예로 향했다. 그곳은 코치사르 사막, 알타이 전차의 주행 시험장이었다. 전차가 저만치 시야에서 사라지면 멀리서 피어오르는 먼지구름과 엔진 소리만으로 시험이 진행 중인지를 확인했다.

"소리가 끊기면, 주행이 멈춘 겁니다. 그 순간이 가장 무섭죠. 하지만 먼지가 일면 '괜찮다'는 신호였어요."

밤에는 숙소에서 데이터를 분석하고, 낮에는 현장에서 결함을 잡았다. 식사 대신 에너지바 하나로 하루를 버텼다. 모래가 장비에 쌓이고, 현지 기술자가 지쳐도 그는 "한 번만 더"를 외쳤다.

3,800㎞ 완주, 그리고 첫 해외 수출

시험 목표는 3,800㎞를 완주하는 것이었다. 변속기에서 단 한 번의 결함도 없이 주행이 끝났을 때, 서영좌 이사는 모래 위에 주저앉아 하늘을 올려다봤다. "피어올랐던 모래 먼지가, 우리가 만든 기술의 증거구나. 그렇게 생각했습니다."

성능이 입증되자, 튀르키예 정부는 2023년 1월, 정식으로 변속기를 수입하기로 결정했다. 2671억 원 규모의 알타이 전차용 변속기 수출 계약이 체결됐다. 한국산 전차용 변속기가 해외에서 처음으로 채택되는 순간이었다.

이런 경험은 변속기 기술을 더욱 갈고 닦는 것으로 이어졌다. 튀르키예 기준 성능 합격, 그리고 수출 계약 소식이 한국에 전해졌을 때 정부도 국내 규정을 재검토했다. 마침내 SNT다이내믹스는 2026년부터 납품될 K2 전차 4차 양산분에 최초로 국산 변속기를 싣는 성과를 냈다.

변속기 국산화를 넘어

변속기는 단순히 동력을 전달하는 부품이 아니라, '전차 움직임의 논리'를 제어하는 지능형 기계 장치다. SNT다이내믹스는 하드웨어뿐 아니라 제어 소프트웨어까지 독자 개발에 들어갔다. 서영좌 이사는 "변속, 조향, 제동, 유압 모듈 등 모든 신호가 실시간으로 모니터링돼 변속기 전자제어장치 TCU와 통합된다"며 "이제는 기계 장치보다 이를 제어하기 위한 제어 알고리즘에 더 집중하는 것이 필요하다"고 했다. 회사도 2023년부터 소프트웨어 엔지니어를 대거 채용해 '국산 파워팩 통합 제어 시스템' 개발에 착수했다.

서 이사는 "개발 과정에서 수많은 실패가 있었지만, 그 실패의 시간이 없었다면 지금의 성공도 없었을 것"이라고 했다. 실패가 축적되어 결국 성공의 방정식을 만든 셈이다. 이 성공 방정식의 결과인 국산 변속기는 향후 K2PL폴란드형 수출 K2 전차에도 적용될 전망이다.

SNT다이내믹스는 또한 독일 변속기의 MRO유지·보수·정비 시장 대체 업체로도 주목받고 있다. 중동 국가 중 상당수는 독일산 변속기의 AS 지연으로 전차 운용에 어려움을 겪고 있기 때문이다. 20년 동안 변속기 외길을 달려온 서 이사는 자신했다.

"실패의 경험이 우리를 단단하게 만들었습니다. 한국산 변속기가 이 시장을 대신할 수 있다고 확신합니다."

| FOCUS | K방산의 뉴리더

"K방산은 이제 글로벌 방산 시장의 핵심 플레이어"

그레그 울머 록히드마틴 사장 &
마이클 쿨터 한화에어로스페이스 사장

1990년대까지만 해도 한국 방위산업은 '수입 대체'와 '기술 자립'을 위한 산업이었다. 그러나 2020년대의 K방산은 단순한 자주국방을 넘어, 세계 무대의 새로운 표준을 목표로 미국과 독일 등 유럽 방산 선진국과 경쟁하고 있다. 한국형 전투기 KF-21, K9 자주포, 천무 다연장로켓, T-50 훈련기, K2 전차 등은 이제 '신흥국형 무기'가 아닌 '글로벌 경쟁 무기'로 평가받고 있다.

이런 K방산의 위상 변화를 가장 자세하게 그리고 가장 냉정하게 평가할 수 있는 주체는 우방국 미국 방산업계다. 6·25 전쟁 전후부터 한국 정부 그리고 한국 방산 기업의 변화, 성장을 지켜보며 때로는 협력을, 때로는 냉정한 지적을 해왔기 때문이다.

록히드마틴 그레그 울머Greg Ulmer 항공사업부 사장과 2024년 12월 K방산 역사상 첫 외국인 CEO최고경영자로 선임된 마이클 쿨터Michael Coulter 한화에어로스페이스 대표이사2025년 11월 HDUSA 대표이사로 변경를 만나 현재 K방산에 대한 평가를 요청했다.

두 CEO는 공통적으로 두 가지 핵심 요인을 꼽았다. 첫째, '속도와 유연성'이 강점이다. 빠른 납기와 현장 대응력은 전쟁이 실시간으로 변하는 현대 전장에서 절대적 경쟁력으로 평가된다. 둘째, '기술력에 대한 신뢰'가 있다. 미국과의 협력 속에서 축적된 항공·미사일·전자 분야 기술이 이제는 독자적 개발로 이어진 것이다.

록히드마틴 사장이 본 K방산의 가치

록히드마틴 항공사업부 그레그 울머 사장은 세계 1위 방산 기업 록히드마틴에서 연매출 250억 달러약 34조 원 규모의 항공 사업을 총괄하고 있다. 항공 공학을 전공한 울머 사장은 1987년 방산 기업 맥도널 더글러스현재는 보잉에 합병에 입사해 항공 분야 엔지니어로 일하다 록히드마틴으로 옮겼다. 록히드마틴의 4개 사업부 중 항공사업부 사장을 맡아 직원 약 3만 5,000명과 함께 일하고 있다. 철통 보안으로 관리되는 록히드마틴 연구 시설 '스컹크웍스'Skunk Works에서 운영 총괄 부사장을 맡아 생산·품질·공급망·시설·보안 등 모든 자원과 인프라를 책임지기도 했다.

울머 사장은 "한국은 이제 기술력, 납기 신뢰도, 실행력 모두에서 국제적인 기준을 충족하며, 주요 파트너로 확실히 자리 잡았다"고 했다. 그리고 "다른 국가와 차별화되는 한국의 제조·엔지니어링 역량이 K방산의 성공 요인 중 하나"라고 덧붙였다.

록히드마틴과 K방산의 협업은 약 40년 전, 1980년대로 거슬러 올라간다. 초기에는 록히드마틴 등 해외 방산 기업이 거의 다 만들어 놓은 부품을 국내로 가져와 조립하는 초보 수준의 생산이었다. 협업 논의를 거쳐 1990년 '블랙호크'로 알려진 록히드마틴의 군용 헬기 UH-60 생산, 1994년부터 국내 생산이 시작된 베스트셀러 전투기 F-16 등의 시작이 모두 '조립 생산 방식'이었다.

그러다 급성장한 한국의 제조업 역량이 맞물리면서 절충 교역무기 도입 대가로 기술 이전 등을 받는 방식 형태로 진화했다. 록히드마틴 등 수출 기업이 설계 기술 등을 제공하면 한국 기업이 일부 부품은 국산화하면서 생산은 전적으로 맡아 완성하는 방식이다.

협력 초기에는 어려운 부분이 많았다. 울머 사장은 "초기엔 당연히 구조, 복합재, 항공 전자 분야 등 다양한 주제에서 어떻게 문제를 개선해야 하는지 치열하게 고민해야 했다"면서 "그래도 록히드마틴과 한국 방산 기업은

빠른 시간 안에 신뢰를 구축해 냈다"고 말했다.

F-16 면허 생산 → T-50 공동 개발 → KF-21 기술 협력

그는 40년 넘게 이어진 한·미 방산 협력의 여정이 '공급자-수요자' 관계에서 '공동 개발자' 관계로 진화했음을 강조했다. K방산이 단순히 기술을 '받는 나라'에서 '함께 만드는 나라'로 성장했음을 말하는 것이다.

F-16은 조립 생산을 넘어 개량형 면허 생산까지 한국이 해냈고, 이 경험의 축적이 한국형 훈련기 개발의 기반이 됐다. 다음 단계가 공동 개발 방식이었다. 대표 사례가 KAI한국항공우주산업와 록히드마틴이 진행한 T-50이다.

울머 사장은 KAI와 공동으로 추진 중인 T-50 계열 초음속 전투기의 해외 수출에 대해서도 자신감을 보였다. T-50을 개량한 모델은 인도네시아, 폴란드 등으로 수출 계약을 이미 따냈고 지금은 최대 20조 원이 넘는 미 해군 훈련기 사업에도 도전장을 내밀었다. 울머 사장은 "세계에서 비슷한 파트너십 기회는 많지만, 한국 그리고 KAI 협력은 서로 윈-윈 할 수 있었던 특별한 파트너십"이라고 했다.

울머 사장은 또한 "한국의 산업은 경제성과 품질을 모두 갖춘 드문 파트너"라며, 켄코아에어로스페이스 같은 한국 중소기업이 록히드마틴의 글로벌 공급망에서 핵심 역할을 하고 있음을 언급했다. K방산이 단순한 국가 프로젝트를 넘어 글로벌 산업 생태계의 일원으로 자리 잡았다는 방증이다.

제2의 록히드마틴 꿈꾸는 한화, 외국인 CEO의 시각

K방산 역사상 첫 외국인 CEO인 마이클 쿨터 대표이사는 "K방산은 이제 더 이상 신흥시장 참여자가 아니라, 세계적으로 인정받는 전략적 파트너"라고 단언했다.

그는 미 국방부, 글로벌 방산 기업 출신으로 세계 방산 시장에서 경쟁해온 경영인이다. 한화에 합류하기 전까지 글로벌 방산 기업 레오나르도 DRS에서 글로벌 법인 사장 겸 사업 개발 부문 수석부사장을 역임하며 글로벌 사업을 총괄했다. 이전에는 제너럴 다이내믹스에서도 글로벌 사업 개발 업무를 총괄했다.

미 국방부에서도 요직을 맡았다. 미 국무부 정치군사담당 부차관보, 국방부 차관보 대행, 국방부 국제안보 담당 수석 부차관보 등 정부 핵심 보직을 수행했다. 해군에서는 북대서양조약기구NATO, 합동참모본부 등에서도 근무했다.

과거에는 한국산 무기가 상대적으로 저렴한 가격과 평범한 품질로 인식되

었지만, 이제는 기술력과 신속한 납기, 다양한 실전 경험으로 신뢰를 얻고 있다는 것이 그의 진단이다. 쿨터 사장은 "K방산은 이제 '메이저리그'에서 경쟁할 수 있는 역량을 갖췄다고 확신한다"고 말했다.

다중 현지화 전략, 글로벌 거점 확대

그는 한화에어로스페이스가 추진 중인 '다중 현지화' Multi-domestic 전략을

K방산의 미래 경쟁력으로 꼽았다. 특히 호주 질롱의 'H-ACE' 생산 기지는 단순한 수출이 아닌 현지 동맹국 중심의 생산·고용·기술 이전 모델이다.

한화에어로스페이스는 2024년 8월, 호주 빅토리아주 질롱에 국내 방산업체 최초의 해외 생산 기지인 'H-ACE'를 완공했다. 약 15만㎡ 규모로, 본관·생산동·조립장·주행시험장·사격장 등 총 11개 시설을 갖췄다. 2024년 하반기부터 K-9과 K-10의 호주 개조 모델인 AS9 자주포와 AS10 탄약 운반차를 생산하고 있다. 2026년부터는 '레드백' 궤도형 장갑차 생산을 시작해 호주에 총 129대를 순차적으로 인도할 예정이다.

호주 생산 기지는 단순한 제품 생산 그 이상의 의미를 지닌다. 방산 수출 경쟁은 '제품' 경쟁인 동시에 '동맹'을 중심으로 한 파트너십 경쟁이기 때문이다. 호주 현지 생산 기지를 통해 한화에어로스페이스는 오커스AUKUS·미국·영국·호주 안보 동맹, 파이브 아이즈미국·영국·캐나다·호주·뉴질랜드 정보 동맹 시장 진출도 노린다는 계획이다.

쿨터 사장은 "한국의 방위산업은 기존 강점이었던 빠른 생산 능력과 가격 경쟁력에 이어 기술력과 해외 네트워크까지 더해져 세계 방산업계에서 독특한 지위Unique Position에 올랐다. 하지만 글로벌 시장에서 한 단계 더 나아가려면 현지 기업과의 협업이 중요하다"며 "이걸 어떻게 해내느냐에 앞으로의 경쟁력이 좌우될 것"이라고 했다.

이러한 접근은 '제품 경쟁'을 넘어 '동맹 경쟁'으로 진화하는 방산 시장에서 한국이 독보적인 입지를 확보하는 원동력이 된다. 쿨터 사장은 "한국 방산의 강점은 빠른 납기, 유연한 생산, 그리고 실전에서 입증된 품질"이라며, 미국·유럽·중동 시장을 잇는 글로벌 공급망 리더십 확보가 차세대 목표라고 강조했다.

K방산의 미래, 글로벌 전략의 주체로

두 CEO의 공통된 메시지는 명확했다. K방산은 더 이상 '한국의 방산'이 아닌 '세계의 전략적 플랫폼'이 되어야 한다는 것이다. 그러기 위해서는 기술 협력에서 전략적 공동 개발로, 단기 수출에서 현지 산업 생태계 동반 성장으로, 부품 공급망 참여에서 글로벌 전략 기획의 주체로 도약해야 한다.

쿨터 사장은 "한국군의 긴급한 요구에 신속하게 대응해온 한화의 경험은 다른 나라 고객에게도 그대로 통한다"며 "한화는 세계 각지의 다양한 스타트업, 중소기업과도 협력하며 생태계를 확장하면서 혁신적인 파트너를 찾고 시너지를 만들어낼 것"이라고 했다.

울머 사장은 "한국은 인도·태평양 전략에서 기술적·전략적으로 모두 중요한 위치를 차지하고 있다"며 "한국 방산은 이제 단순한 참가자가 아닌 글로벌 방산 전략의 한 축을 담당하는 주체로 성장하고 있다"고 했다.

| 에필로그 |

K방산의 현재,
그리고 미래

K방산은 이제 세계 방위산업 시장에서 '조연'에서 '주연'으로 등장하는 것을 꿈꾼다. 필자들이 2025년 국내외에서 열린 해양, 항공·우주 등 각 분야별 대표 국제 방산 전시회 현장을 직접 찾아보며 확인한 한국 방산의 존재감은 단순한 '약진'이 아니라, 글로벌 공급망의 핵심축으로 성장한 변화였다.

2025년 2월, 중동 아랍에미리트UAE 아부다비에서 열린 'IDEX아부다비 국제 방위산업전 2025', 5월 한국 부산에서 열린 'MADEX국제해양방위산업전시회 2025', 10월 서울에서 열린 'ADEX서울 국제 항공우주 및 방위산업전 2025'는 각각 조금씩 다른 주제로 열렸지만, 공통된 메시지를 전하고 있었다. 바로 "K방산은 이제 세계가 주목하는 기술·산업·동맹의 새로운 주체다"라는 것이다.

중동에서 확인한 기술력과 유연성
2025년 2월, UAE 아부다비 국립전시장에서 열린 'IDEX 2025' 현장에서는 기회와 치열한 경쟁이 펼쳐졌다. 러시아, 중국, 유럽 주요 방산 기업들이 진영을 가리지 않고 총출동한 상황에서 'K방산'의 차별화가 가능할까 하는 의문도 들었다. 그러나 전시 첫날, IDEX 공식 앱에 뜬 문구가 눈길을 끌었다.

    Korean Innovation & Defense Tech at IDEX!

'한국의 선도적 방산 기술을 직접 경험하라'는 내용의 메시지였다. 주최 측이 특정 국가를 조명하면서 소개한 첫 알림이었다. K방산이 이제 단순 참가국이 아니라 '혁신 기술 보유국'으로 인정받고 있음을 보여주는 상징적인 장면이었다.
한국 부스는 화려하지는 않지만, '기술력과 신뢰'라는 본질적 경쟁력으로 주목받았다. '현재 즉각 수출 가능한 무기 체계'와 '미래 기술 협력 모델'을 병행하는 '투 트랙'Two-Track 전략은 중동 고객들이 원하는 '속도와 실용성'에 정확히 부합했다.
한국항공우주산업KAI은 이 전시에서 KF-21과 FA-50뿐만 아니라 차세대 공중전투체계NACS를 공개했다. 조종사가 무인 전투기 편대를 통제하는 유·무인 복합 체계는 많은 관람객의 관심을 끌었다.

K방산의 대표 베스트셀러인 한화에어로스페이스의 'K9 자주포'와 '한국형 사드'로도 불리는 L-SAM장거리 지대공 유도 무기 시스템 주변엔 종일 전통 아랍 의상 차림을 한 중동 각국 방산 관계자들이 끊이질 않았다.

이날 현장에서 만난 K방산 관계자들은 "상전벽해나 다름없는 변화"라고 입을 모았다. 대표 방산 기업인 한화가 2001년 IDEX에 참가했을 때만 해도 참가 기업은 삼성물산과 무역협회까지 단 세 곳뿐이었다. 전시 공간도 한화와 삼성테크윈이 공동으로 마련한 30㎡약 9평 남짓한 부스 한 칸이 전부였다. 하지만 20여 년 만에 K방산은 규모가 100배 이상 커진 무대에 올라 세계 각국의 주목을 받았다.

해양에서 확장되는 K방산의 저력

5월에 부산 벡스코에서 열린 'MADEX 2025'는 해양 방산의 무대를 통해 K방산의 또 다른 경쟁력을 보여줬다. 한화오션, HD현대중공업, LIG넥스원 등 주요 기업들이 함정·무인 수상정·잠수함·전투 체계 등 다양한 제품을 선보였다.

격년마다 개최하는 MADEX는 2025년 특히 주목을 받았다. 미국 트럼프 대통령이 자국 해군력 재건을 위해 한국 군함, 조선업에 'SOS'를 요청하면서 전례 없는 관심이 쏟아진 것이다. 14개국 출신 200여 방산 기업, 기관이 참가했다.

이 행사를 보기 위해 30여 개국 해군 대표단, 약 1만 5,000명의 바이어가 참석해 역대 최대 규모로 열렸다. 나흘 일정으로 열린 이 전시회에 해외 해군 장성급만 20여 명이 참석했다. 루이스 호세 플라르 피가리 페루 해군 참모총장은 "세계 최고인 한국 조선소의 기술력을 이전받아 하루빨리 페루 해군의 현대화를 이루고 싶다"고 했다. 이례적인 열기에 방산업계 관계자들 사이에서는 "이 행사가 그간 우리가 알던 행사가 맞나?"라는 반응이 나올 정도였다.

올해의 주제는 '스마트 해군으로 나아가는 항해'였다. 그리고 핵심 키워드는 무인無人이었다. 고령화, 저출산 등으로 병력이 줄어드는 현실 앞에 선 세계 각국은 방산 분야에서 AI인공지능를 활용한 무인 기술을 통해 이 공백을 극복하려 노력하고 있는데, 그 청사진을 K방산이 제시했다. 해군력 강화에 나선 동남아·중동 국가들이 한국 부스를 찾아 현지 공동 생산이나 부품 공급 계약을 논의하는 모습도 확인됐다.

5월 MADEX에서 느낀 핵심은 '확장'이었다. 조선, 해양 기술 중심의 민간 산업이 방위산업으로 빠르게 융합되는 흐름, 그리고 이를 바탕으로 K방산의 또 다른 성장이 이뤄지고 있다는 점이었다. 해양 방산은 단순한 무기 거래를 넘어, 조선업·정비·운용 인프라를 결합한 복합 산업 생태계라는 점에서 한국의 경쟁력이 돋보일 것이라는 생각이 들었다.

미래형 통합 플랫폼의 전환점

2025년 10월, 서울공항에서 열린 'ADEX 2025'는 K방산의 '현재와 미래'를 동시에 보여준 무대였다. 약 40개국 550여 개 기업이 참여한 이 전시회에는 AI, 자율비행, 무인화, 우주 방위체계 등 첨단 기술이 대거 출품됐다. 올해 ADEX의 핵심 주제는 AI와 무인화를 바탕으로 한 '통합 플랫폼'으로의 진화였다. KAI의 KF-21은 실물 전시와 함께 AI 조종 시연이 이뤄졌고,

한화에어로스페이스는 AI 기반 자주포 운용체계를 공개했다. 방산 전시이자 동시에 '첨단 기술 박람회'에 가까웠다. 과거 개별 무기체계 중심이었던 전시 구성이 이제는 지상·해상·공중·우주가 연결되는 네트워크형 방위체계로 재편되고 있었다. K방산은 그 흐름 한가운데에서 존재감을 과시했다. 2025년 세계 방산 전시회에서 확인한 K방산의 핵심 강점은 세 가지였다. 세계 어디에서도 보기 드문 생산 속도와 납기 신뢰성, 그리고 그간 쌓은 수출 실적을 바탕으로 한 각국과의 맞춤형 파트너십이다.

과제도 분명했다. K방산이 계속 성장할 수 있을지의 여부는 지금의 선택에 달렸다. 앞으로의 미래를 좌우하는 것은 첨단 기술과의 결합을 우리가 해낼 수 있느냐다. 이 경쟁은 이제 본격적으로 시작됐다. 이미 러시아-우크라이나 전쟁 등 최근 전장戰場은 드론을 포함한 무인기 등 AI와 데이터를 결합한 무기 체계가 주도하고 있다. '방산 테크' 선두 주자인 미국 팔란티어의 시가총액이 2025년 10월 기준 록히드마틴의 4배 가까이 될 정도로 세상은 빠르게 달라졌다.

K방산 역시 50년의 세월 동안 한 발, 한 발 전진해 온 결과인 지금을 즐기기보다는 이를 바탕으로 다음 스테이지로 다시 나아가야 할 시점이다. 유·무인 통합, AI, 자율화 등 미래전을 대비한 기술 확보가 '방산 선진국'에 도전하는 K방산의 다음 목표가 되어야 한다.

PHOTO CREDITS

[프롤로그]
6 한화에어로스페이스

[1장]
18, 22, 25, 28 SNT모티브
19, 31 조선일보

[2장]
34, 44 국방과학연구소
35 조선일보
38, 41, 47 안동만

[3장]
50, 60, 62 한화에어로스페이스
51, 53 조선일보
54상 국방과학연구소
54하, 59상 김계환
59하 한화에어로스페이스(대우중공업)

[4장]
68, 71, 77하단, 81 현대로템
69 조선일보
77상 김의환

[5장]
84, 87, 90, 96 한화에어로스페이스
85 조선일보

[6장]
100, 103, 111, 114 한국항공우주산업
101 조선일보
106 전영훈

[7장]
116, 121, 124 한화에어로스페이스
117, 127 조선일보

[8장]
130, 133, 137 LIG넥스원
131, 141 조선일보

[9장]
144, 152 육군
145, 148, 151, 155 한국항공우주산업

[FOCUS]
158, 161, 162 한화

[10장]
168, 171, 175, 179, 182 HD현대
169 조선일보

[11장]
184, 185, 189, 196 한화오션
195 해군

[12장]
199, 203, 207, 208 LIG넥스원

[13장]
210, 213, 217 한화오션
211, 220 조선일보

[FOCUS]
222, 225, 228 HD현대

[14장]
232, 233, 237, 243하 현대위아
243상 해군

[15장]
246, 247, 250, 253, 257 기아

[16장]
260, 261, 264, 268, 271 한국항공우주산업

[17장]
274, 275 조선일보
283 한화시스템

[18장]
286, 290 SNT다이내믹스
287, 295 조선일보

[FOCUS]
296좌, 299 조선일보
296우, 301 한화에어로스페이스

[에필로그]
304 HD현대

K방산 신화를 만든 사람들
자주국방 50년의 기록 & 세계 4대 방산 강국의 미래

제1판 1쇄 발행 2025년 12월 16일

저자	정한국·이정구·성유진
펴낸이	김덕문
편집	손미정
디자인	놈normmm
영업	이종률
제작	정우미디어

펴낸곳	더봄
등록일	2015년 4월 20일
주소	서울시 마포구어울마당로 130 기린빌딩 3105호
대표전화	02-975-8007 ‖ 팩스 02-975-8006
전자우편	thebom21@naver.com
블로그	blog.naver.com/thebom21

ⓒ정한국·이정구·성유진, 2025
ISBN 979-11-92386-42-3 03300

*이 책은 방일영문화재단의 지원을 받아 저술·출판되었습니다.

- 이 책의 내용의 전부 또는 일부를 재사용하려면 반드시 저작권자와 출판사 더봄 양측의 동의를 받아야 합니다.
- 책값은 뒤표지에 표시되어 있습니다.
- 잘못된 책은 서점에서 바꾸어 드립니다.